Schöningh

EinFach Mathe 7/8

Prozent- und Zinsrechnung

Bearbeitet von:
Gernot Mahn

Unter Mitarbeit von:
Hans-Peter Anders, Karl-Heinz Barth, Konrad Fecke,
Sigurd Hein, Petra Kunert, Hans-Joachim Püffke,
Jürgen Thomann, Heyo Wulff

Bildquellenverzeichnis

S. 10: Foto: dpa/Fiona Hanson; **S. 19:** Foto: dpa/Harmut Reeh; **S. 21:** Foto: dpa/Karsten Keikus; **S. 22:** Foto links: dpa/Wolfgang Thieme; Foto rechts: dpa/Carsten Rehder; **Illustrationen:** Susanne Kuhlendahl/Verlagsarchiv Schöningh

www.schoeningh-schulbuch.de
Schöningh Verlag, Jühenplatz 1–3, 33098 Paderborn

Druck A 7 6 5 / Jahr 2018 17 16
Alle Drucke der Serie A sind im Unterricht parallel verwendbar.
Die letzte Zahl bezeichnet das Jahr dieses Druckes.

Druck und Bindung: westermann druck GmbH, Braunschweig

ISBN 978-3-14-037313-5

Inhaltsverzeichnis

Prozent- und Zinsrechnung 5

1 Vergleiche mit Hilfe der Prozentschreibweise 6
2 Vergleiche mit dem Prozentsatz 10
3 Berechnung des Prozentwertes 15
4 Berechnung des Grundwertes 19
5 Lerntipp: Bequeme Prozentsätze 23
6 Erhöhung des Grundwertes 25
7 Verminderung des Grundwertes 28
8 Zinsen für ein Jahr 31
9 Zinseszins 34
10 Monatszinsen und Tageszinsen 37
11 Berechnung des Kapitals 40
12 Berechnung des Zinssatzes 43
13 Berechnung von Zeitfaktor und Zeitspanne 46

Prozent- und Zinsrechnung

1 Vergleiche mit Hilfe der Prozentschreibweise

Ohne Vitamine ist menschliches Leben nicht möglich.
Wir brauchen Vitamine – und zwar täglich.

		empfohlene Tagesmenge
• Power für die Augen:	Vitamin A	0,8 mg
• Schutzpolizei gegen freie Radikale:	Vitamin C	75 mg
• Superwaffe gegen Erkältungen:	Vitamin E	5 mg

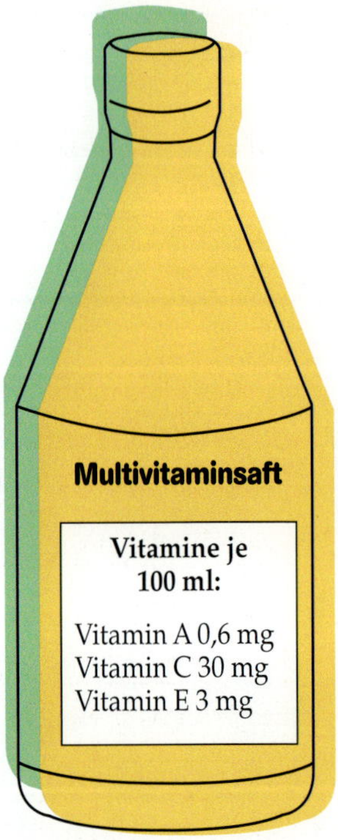

1. Mit einem Glas Multivitaminsaft (100 ml) nimmst du 40 % der empfohlenen Tagesmenge von Vitamin C zu dir.

a) Suche weitere Brüche, mit denen du 40 Prozent ausdrücken kannst.

$40\,\% = \frac{30}{75} = \frac{2}{5} =$ ____ = ____ = ____

b) Suche den Bruch mit dem Nenner 100. Was fällt dir auf?

2. Wie viel Prozent des Tagesbedarfs deckt ein Glas (100 ml) Multivitaminsaft bei

a) Vitamin E? ________

b) Vitamin A? ________

(Färbe ein!)

3. Bei welchem Vitamin wird mit einem Glas Multivitaminsaft der höchste Anteil an der empfohlenen Tagesmenge erreicht?

Cento kommt aus dem Italienischen und heißt 100.
So entstand das %-Zeichen:

MEMO

Einen Anteil kannst du als Bruch schreiben.
Der Bruchteil heißt Prozentwert (P), er steht im Zähler.
Das Ganze ist der Grundwert (G), dieser steht im Nenner des Bruches.
Der Nenner 100 führt zur Prozentschreibweise.

Wir schreiben: $\frac{P}{G} = \frac{p}{100} = p\%$

Beispiele:

3 von 25 bedeutet: $\frac{3}{25} = \frac{12}{100} = 0{,}12 = 12\,\%$

12 von 16 bedeutet: $\frac{12}{16} = \frac{3}{4} = \frac{75}{100} = 0{,}75 = 75\,\%$

3 von 8 bedeutet: $\frac{3}{8} = \frac{37{,}5}{100} = 0{,}375 = 37{,}5\,\%$

Lösungen

1. a) $40\% = \frac{10}{25} = \frac{20}{50}$; b) $\frac{40}{100} = 40\%$; **2.** a) 3 mg von 5 mg: $\frac{3}{5} = \frac{60}{100} = 60\%$;

b) 0,6 mg von 0,8 mg: $\frac{0{,}6}{0{,}8} = \frac{6}{8} = \frac{3}{4} = \frac{75}{100} = 75\%$; **3.** Vitamin A

Vitamin C stärkt die Abwehrkräfte des Körpers.
Eine ausreichende Vitamin-C-Versorgung beschleunigt den Heilprozess von Wunden und Knochenbrüchen.

Lebensmittel gelten als besonders reich an Vitamin C, wenn mit einer üblichen Portion mindestens 50 Prozent der empfohlenen Zufuhr von 75 mg täglich erreicht werden.

Berechne den Anteil in Prozent.

Lebensmittel	mg je Portion	Anteil
Apfelsine (150 g)	78	
Mandarinen (150 g)	48	
Pflaumen (100 g)	6	$\frac{6}{75} = \frac{2}{25} = \frac{8}{100} = 8\ \%$
Ebereschenfrucht roh (50 g)	96	
Spinat roh (200 g)	102	
Karotten (100 g)	15	
Pommes frites (100 g)	30	
Leber (100 g)	39	$\frac{39}{75} = \frac{13}{25} = \frac{52}{100} = 52\ \%$
Erdbeeren roh (150 g)	93	
Vollkornbrot (100 g)	9	
Broccoli roh (200 g)	240	
Kuhmilch 3,5 % Fett (100 g)	3	
Schnittkäse (100 g)	0	
Erbsen roh (200 g)	54	
Sanddornbeeren roh (50 g)	225	
Weißkohl roh (200 g)	93	
Honigmelone roh (150 g)	37,5	
Weizentoastbrot (100 g)	0	
Tomaten roh (200 g)	48	
Radieschen roh (100 g)	27	
Banane roh (100 g)	12	
Grapefruitsaft (150 g)	60	

Die Anfangsbuchstaben der Lebensmittel, mit denen mindestens 50 Prozent der empfohlenen Tagesmenge erreicht werden, ergänzen den Lösungssatz.

V	I	T			I	N				I	N	D						N			I	C		I	

Lösungen

104 %; 64 %; 128 %; 136 %; 20 %; 40 %; 124 %; 12 %; 320 %; 4 %; 0 %; 72 %; 300 %; 124 %; 50 %; 0 %; 64 %; 36 %;
16 %; 80 %; Lösungssatz: Vitamine sind lebenswichtig

1

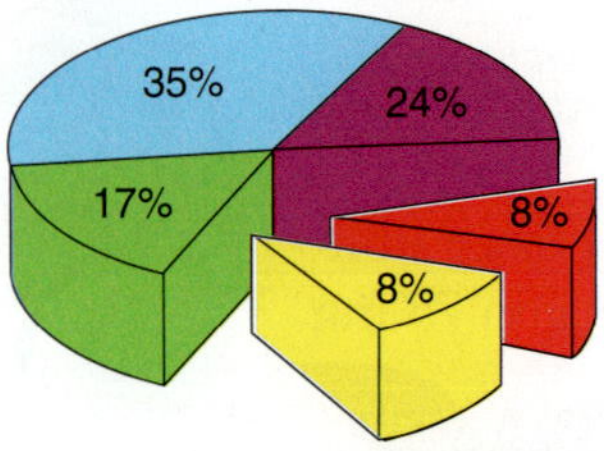

Das fehlende Tortenstück hat einen Anteil von

________ .

2 Schreibe als Hundertstelbruch.

a) 1% = ________ b) 3% = ________

c) 25% = ________ d) 7,5% = ________

e) 120% = ________ f) 3,25% = ________

3

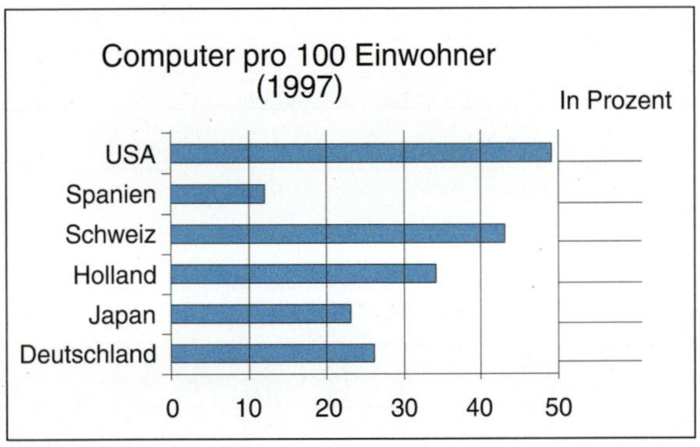

4 Schreibe in Prozent.

a) $\frac{1}{2}$ = ________ b) $\frac{1}{4}$ = ________

c) $\frac{3}{4}$ = ________ d) $\frac{1}{5}$ = ________

e) $\frac{7}{5}$ = ________ f) $\frac{7}{20}$ = ________

g) $\frac{24}{30}$ = ________ h) $\frac{60}{48}$ = ________

5 Welche Prozentangabe gehört zu folgenden Dezimalbrüchen?

a) 0,5 = ________ b) 0,25 = ________

c) 0,7 = ________ d) 1,25 = ________

e) 0,27 = ________ f) 0,08 = ________

g) 0,035 = ________ h) 0,002 = ________

6 Setze <, > oder = richtig ein.

a) 0,3 ☐ 3% b) 0,54 ☐ 54%

c) $\frac{2}{5}$ ☐ 45% d) 70% ☐ $\frac{3}{4}$

e) 0,3 ☐ 33% f) 0,02 ☐ 0,2%

g) 2,5% ☐ 0,25 h) 0,08% ☐ 0,0008

7 Bestimme den Anteil von 500 € in %.

Beispiel: 30 € von 500 € : $\frac{30}{500} = \frac{6}{100} = 6\%$

a) 5 € b) 20 € c) 25 €
d) 125 € e) 200 € f) 340 €
g) 7,5 € h) 17,5 € i) 22,5 €

8 Bestimme die Anteile in Prozent.

a)

____

b)

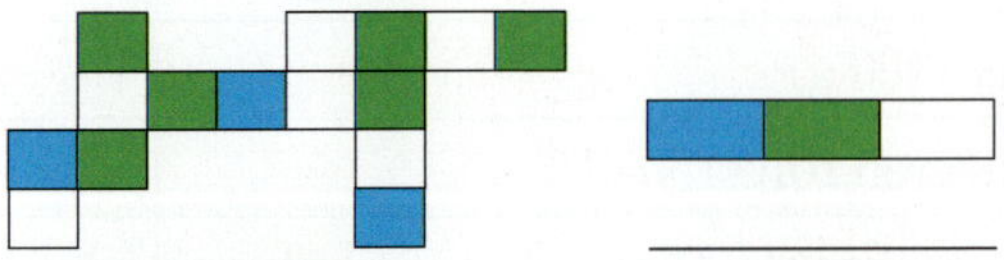

____

c)

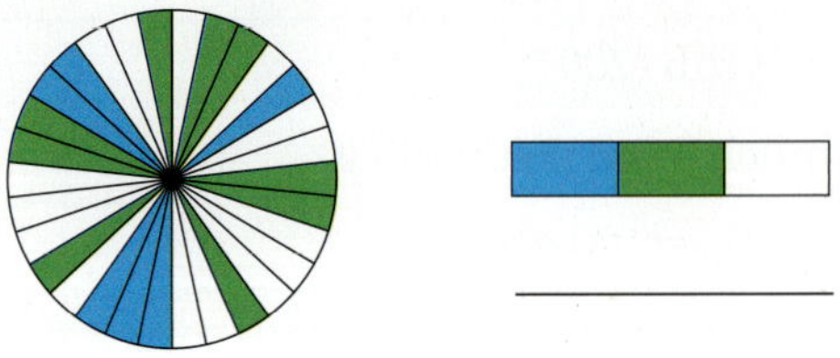

____

9 Färbe jeweils 25% der Fläche ein.

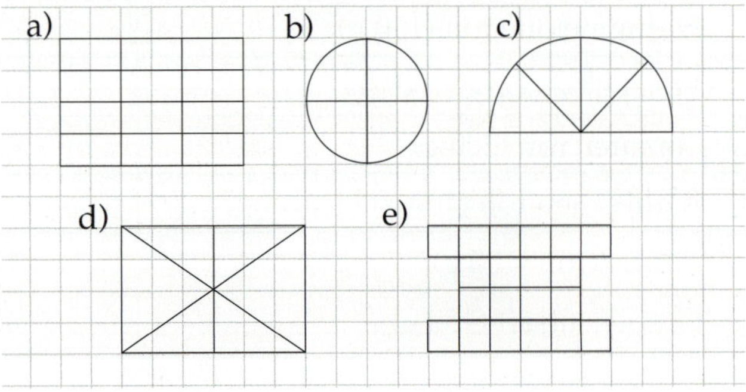

Lösungen

1. 8%; **2.** a) $\frac{1}{100}$, b) $\frac{3}{100}$, c) $\frac{25}{100}$, d) $\frac{7,5}{100}$, e) $\frac{120}{100}$, f) $\frac{3,25}{100}$; **3.** 49%, 12%, 44%, 34%, 23%, 26%; **4.** a) 50%, b) 25%, c) 75%, d) 20%, e) 140%, f) 35%, g) 80%, h) 125%; **5.** a) 50%, b) 25%, c) 70%, d) 125%, e) 27%, f) 8%, g) 3,5%, h) 0,2%; **6.** a) >, b) =, c) <, d) <, e) <, f) >, g) <, h) =; **7.** a) 1%, b) 4%, c) 5%, d) 25%, e) 40%, f) 68%, g) 1,5%, h) 3,5%, i) 4,5%; **8.** a) blau: 20%, grün: 30%, weiß: 50%; b) blau: 20%, grün: 40%, weiß: 40%; c) blau: 20%, grün: 30%, weiß: 50%

10 Ordne zu: $\frac{4}{25}$; $\frac{1}{3}$; $\frac{2}{3}$; $\frac{4}{5}$; 37,5%; 50%; 60%; 75%

a) $\frac{1}{2}$ = ________ b) $\frac{3}{5}$ = ________

c) 80% = ________ d) 16% = ________

e) $\frac{3}{8}$ = ________ f) $\frac{3}{4}$ = ________

g) ≈ 33% = ________ h) ≈ 66% = ________

11 Im ersten Halbjahr 1997 hat Deutschland ca. 50 Millionen Tonnen Erdöl eingeführt. Bestimme den Anteil in Prozent.

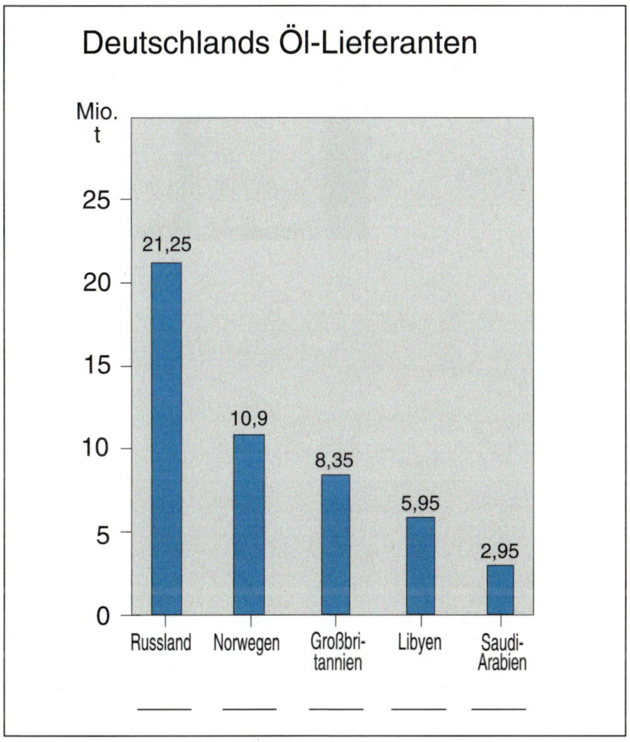

12 Zur Qualitätssicherung werden in bestimmten Abständen Stichproben aus der Produktion entnommen.

Produkt					
getestet	10	50	30	40	45
reklamiert	1	3	9	8	9
%					

Welches Produkt hat die beste Qualität?

13 Wie viel Prozent sind es jeweils?

a) die Hälfte ________

b) jeder Zehnte ________

c) drei von vier ________

d) vier von fünf ________

e) In jedem 5. Haushalt ein PC ________

f) 2 von 5 haben ein Auto ________

14 In Rechentests bei Bewerbungen zeigten 11 von 25 Hauptschulabgängern mangelhafte Fähigkeiten, jeder achte Realschüler fiel durch und auch 7 von 50 Abiturienten konnten keine ausreichenden Testergebnisse vorweisen.
Sehr gute oder gute Ergebnisse hatte nur jeder zehnte Realschüler und jeder achte Abiturient.
Vergleiche mit Hilfe der Prozentschreibweise.

15 Wie viel bekommst du mehr?
Schreibe in Prozent!

a)

____

b) 6 Kerzen zum Preis von 3: ________

c) 5 Modellautos zum Preis von 4: ________

d)

____

Lösungen

10. a) 50%, b) 60%, c) $\frac{4}{5}$, d) $\frac{4}{25}$, e) 37,5%, f) 75%, g) $\frac{1}{3}$, h) $\frac{2}{3}$; **11.** Russland: 42,5%; Norwegen: 21,8%; Großbritannien: 16,7%; Libyen: 11,9%; Saudi-Arabien: 5,9%; **12.** 10%, 6%, 30%, 20%, 20%; Computer; **13.** a) 50%, b) 10%, c) 75%, d) 80%, e) 20%, f) 40%; **14.** 44%, 12,5%, 14%, 10%, 12,5%; **15.** a) 50%, b) 100%, c) 25%, d) 40%

2 Vergleiche mit dem Prozentsatz

Andre Agassi, Marcelo Rios, Pete Sampras und Patrick Rafter waren die erfolgreichsten Tennisspieler bei der ATP-Tour 1998.

		Spiele	gewonnen	verloren
Agassi	USA	78	63	15
Rios	CHI	80	63	17
Sampras	USA	75	58	17
Rafter	AUS	78	58	20

1. Ermittle die Erfolgsquoten der Tennisspieler bei den gewonnenen Spielen.

Beispiel:

Agassi: 63 von 78; 63 : 78 ≈ 0,80769 ≈ 80,77%

a) Rios ______________________

b) Sampras ______________________

c) Rafter ______________________

2. Vergleiche die Anteile der gewonnenen Spiele auf Hartplätzen.

			Spiele	gewonnen	in%
a)	Andre Agassi	USA	58	49	
b)	Marcelo Rios	CHI	40	33	
c)	Patrick Rafter	AUS	48	39	
d)	Karol Kucera	SVK	31	24	
e)	Alex Corretja	ESP	26	20	

MEMO

Es gibt Anteile, die lassen sich nicht auf Hundertstel erweitern oder kürzen. In diesem Fall teilen wir den **P**rozentwert (**P**) durch den **G**rundwert (**G**), um den Prozentsatz (**p%**) zu erhalten.

Wir schreiben: $\frac{P}{G}$ = P : G = p%

Beispiele:

4 von 5 bedeutet: $\frac{4}{5}$ = 4 : 5 = 0,80 = 80%

5 von 8 bedeutet: $\frac{5}{8}$ = 5 : 8 = 0,625 = 62,5%

14 von 30 bedeutet: $\frac{14}{30}$ = 14 : 30 = $0{,}4\bar{6}$ ≈ 46,67%

Lösungen

1. a) 78,75%, b) 77,33%, c) 74,36%; **2.** a) 84,48%, b) 82,5%, c) 81,25%, d) 77,42%, e) 76,92%

Empfohlene Tagesmenge:

kcal	Vitamin A	Vitamin E	Vitamin C	Magnesium
2700 kcal	0,9 mg	12 mg	75 mg	330 mg

Bestimme den prozentualen Anteil von der empfohlenen Tagesmenge:

1

	Vitamin E	Vitamin C
Multivitaminsaft	5 mg	30 mg
Anteil an der empfohlenen Tagesmenge		

2

	Brennwert	Magnesium
Schokolade	526 kcal	40 mg
Anteil an der empfohlenen Tagesmenge		

3

	Brennwert	Vitamin C
Pommes Frites	378 kcal	45 mg
Majonäse	36 kcal	0,3 mg
gesamt		
Anteil an der empfohlenen Tagesmenge		

Lösungen

1. 41,67%, 40%; **2.** 19,48%, 12,12%; **3.** 414 kcal, 15,33%; 45,3 mg, 60,4%

Übungen

1 

Das fehlende Tortenstück hat einen Anteil von

__________.

2 

Die Packung enthält

____

mehr.

3 Wetterprognosen im Vergleich!

So war das Wetter:

Sa.	So.	Mo.	Di.	Mi.	Do.	Fr.
14.3.	15.3.	16.3.	17.3.	18.3.	19.3.	20.3.

Prognose:

Pro 7

SAT 1

ZDF

ARD

RTL

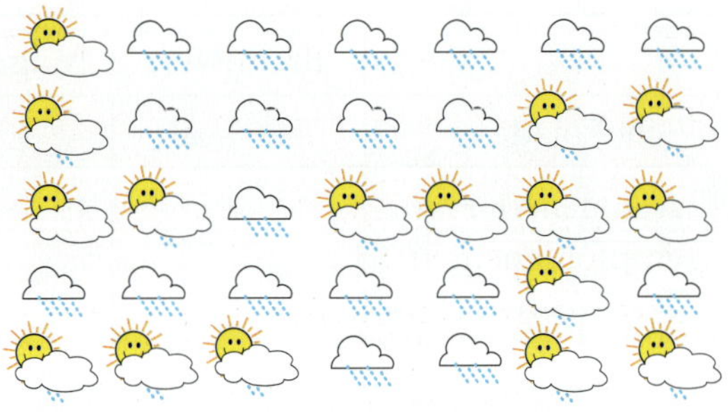

Beschreibe die Genauigkeit der Prognosen in Prozent:

a) für jeden Sender, b) für jeden Tag, c) insgesamt

4 Schreibe in Prozent.

a) $\frac{1}{6} \approx$ ________ b) $\frac{1}{7} \approx$ ________

c) $\frac{1}{8} =$ ________ d) $\frac{1}{9} \approx$ ________

e) $\frac{2}{3} \approx$ ________ f) $\frac{4}{9} \approx$ ________

g) $\frac{5}{12} \approx$ ________ h) $\frac{4}{15} \approx$ ________

5 Bestimme den prozentualen Anteil von 350 in Prozent.

Beispiel:

30 von 350 : $\frac{30}{350} \approx 0{,}08571 \approx 8{,}57\%$

a) 5 b) 18 c) 130 d) 200 e) 340 f) 47,5

6 Klassensprecherwahl im 7. Schuljahr:

7a, Katrin: 12 Stimmen von 30 ________

7 b, Alex: 10 Stimmen von 31 ________

7 c, Fabiana: 13 Stimmen von 32 ________

7 d, Björn: 9 Stimmen von 26 ________

Welches Kind hat den höchsten Zuspruch?

7 Verteilung der Schülerinnen und Schüler an einer Realschule im Schuljahr 98/99 auf die einzelnen Klassen:

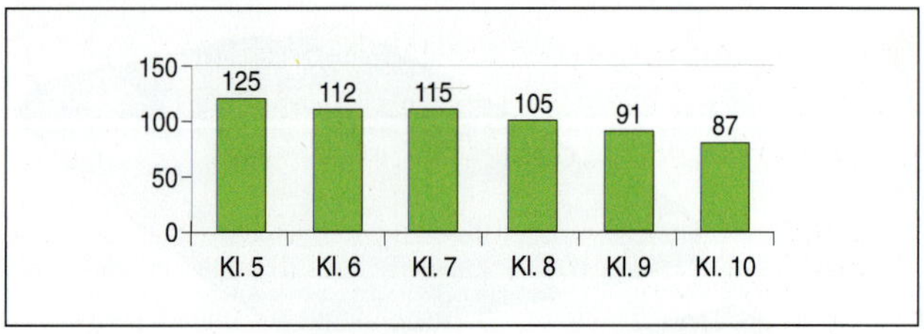

a) Wie viele Schülerinnen und Schüler hat die Schule?

b) Berechne die Anteile in Prozent.

8

Schule	gesamt	Fahrschüler
Hückeswagen	480	128
Radevormwald	654	260
Wiehl	687	265

a) In welcher Schule ist der Anteil der Fahrschüler am höchsten?

b) Gib den Anteil der ‚Nichtfahrschüler' in Prozent an.

Lösungen

1. 8,33%; **2.** 33,33%; **3.** a) Pro 7: 71,43%, SAT 1: 71,43%, ZDF: 57,14%, ARD: 71,43%, RTL: 42,86%; b) Sa.: 40%, So.: 60%, Mo.: 80%, Di.: 80%, Mi.: 80%, Do.: 80%, Fr.: 20%; c) 62,86%; **4.** a) 16,67%, b) 14,29%, c) 12,5%, d) 11,11%, e) 66,67%, f) 44,44%, g) 41,67%, h) 26,67%; **5.** a) 1,43%, b) 5,14%, c) 37,14%, d) 57,14%, e) 97,14%, f) 13,57%; **6.** 7 a: 40%, 7 b: 32,26%, 7 c: 40,625%, 7 d: 34,62%; **7.** a) 635, b) 19,69%, 17,64%, 18,11%, 16,54%, 14,33%, 13,7%; **8.** a) 26,67%, 39,76%, 38,57%, Radevormwald; b) 73,33%, 60,24%, 61,43%

9 Das durchschnittliche Pro-Kopf-Einkommen lag 1997 in Deutschland bei ca. 1 400 Euro im Monat. Davon wurden ausgegeben für:

a) Nahrungs- und Genussmittel: 302,78 €
b) Auto, Verkehr, Kommunikation: 252,20 €
c) Wohnungsmiete: 258,57 €
d) Bildung, Unterhaltung: 147,00 €

Beschreibe die Höhe der Ausgaben jeweils in%.

10 Pete Sampras war von 1993 bis 1997 Nummer 1 der Weltrangliste beim Tennis.
Gib die Gewinnquote in Prozent an.

	1993	1994	1995	1996	1997
Rasen	7:1	12:0	12:0	4:1	9:1
	87,5%				
Sandplatz	11:3	10:1	3:5	5:1	2:3
					40%

11 Bei den olympischen Winterspielen in Nagano 1998 war die deutsche Mannschaft mit 12 Goldmedaillen so erfolgreich wie nie zuvor.

Land	Gold	Silber	Bronze
1. Deutschland	12	9	8
2. Norwegen	10	10	5
3. Russland	9	6	3
4. Kanada	6	5	4
5. USA	6	3	4
6. Niederlande	5	4	2
7. Japan	5	1	4

Beschreibe für Deutschland und den Gastgeber Japan den Medaillensegen in Prozent.

12 Bestimme die Anteile in Prozent.

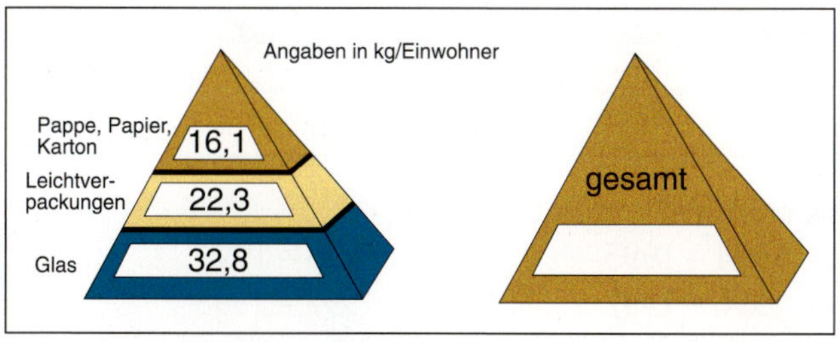

13 Infolge eines Strukturwandels wurden in der Landwirtschaft Deutschlands viele Arbeitskräfte überflüssig. Die Zahl der Erwerbstätigen sank von 2,7 Mio. im Jahr 1970 bis zum Jahr 1997 auf 1,4 Mio.

a) Die Zahl sank um ____________ .

b) Das ist ein Rückgang um _______%.

14

Um wie viel Prozent ging die Anzahl der landwirtschaftlichen Betriebe zurück?

a) Zwischen 1949 und 1970: _________

b) Zwischen 1949 und 1992: _________

c) Zwischen 1970 und 1992: _________

15 Die ökologische Landwirtschaft entwickelt sich.

Bauer		Ökobauer
	Erträge	
5 656	Milch (Liter je Kuh)	4 451
68	Weizen (dt je ha)	42
289	Kartoffeln (dt je ha)	159
	Preise	
0,58	Milch (DM je Liter)	0,66
26	Weizen (DM je dt)	79
17	Kartoffeln (DM je dt)	62

Vergleiche Ertrag und Preise bei Bauer und Ökobauer in Prozent.

Beispiel: Milch:
Ertrag: Bauer 100%; Ökobauer 79%;
Preis: Bauer 100%; Ökobauer 114%

Lösungen

9. a) 21,63%, b) 18,01%, c) 18,47%, d) 10,5%; **10.** Rasen: 100%, 100%, 80%, 90%; Sandplatz: 78,57%, 90,91%, 37,5%, 83,33%; **11.** Deutschland: Gold 41%, Silber 31%, Bronze 28%; Japan: Gold 50%, Silber 10%, Bronze 40%; **12.** gesamt: 71,2; Papier 22,61%, Leichtverpackung 31,32%, Glas 46,07%; **13.** a) 1,3 Mio.; b) 48,15%; **14.** a) 34,24%, b) 64,66%, c) 46,26%; **15.** Weizen: 62%, 304%; Kartoffeln: 55%, 365%

16 Internetdirektanschlüsse

a) Bestimme die prozentualen Veränderungen.

b) In welchem Jahr war die höchste Steigerungsrate?

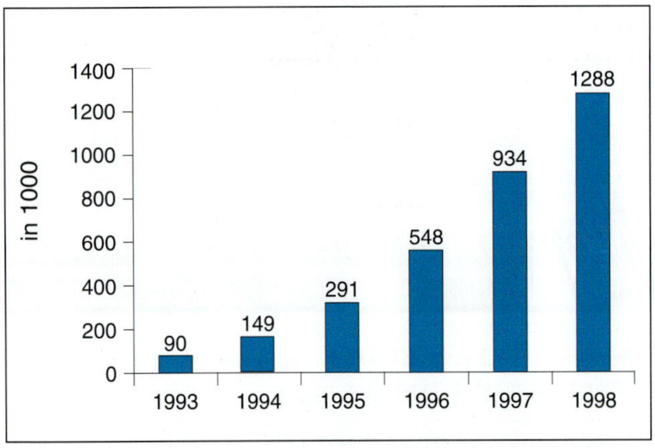

17

> **43% billiger telefonieren**
>
> Ab 1. März 1998 kostet am Wochenende ein Ferngespräch von Flensburg nach Passau nur noch 5,90 Euro pro Stunde statt vorher 10,30 Euro. Sie können 43% billiger telefonieren, aber nur, wenn Sie im T-Netz bleiben!

Kontrolliere diese Werbung.

18

„Im Vergleich ist das Telefonieren in Deutschland teuer. Für eine einstündige Fernverbindung werden rund 16 Euro fällig; in Großbritannien kostet dieselbe Leistung 7,50 Euro, in den USA sogar nur 6 Euro."

a) Wie viel Prozent ist das Telefonieren in Deutschland teurer als in Großbritannien?

b) Wie viel Prozent ist es in den USA billiger als in Deutschland?

19

> **Boom ohne Ende – Zunahme um mehr als 1 200%!!!**
>
> Von Februar bis Dezember 1997 hat die Anzahl der Visits (Besuche) von 1,4 Mio. auf 18,4 Mio. zugenommen. Die Anzahl der gelesenen Internetseiten (pageviews) stieg im gleichen Zeitraum von 9,2 Mio. auf 18,4 Millionen.

Bestimme die prozentuale Zunahme in Prozent.

20 Umsatzboom im Internet

1998 gab die deutsche Wirtschaft rund 250 Mio. Euro für die professionelle Internet-Nutzung aus. Wichtige Umsatzträger sind

a) mit 97 Mio. die Online-Werbung,
b) mit 81 Mio. die Medien,
c) mit 56,5 Mio. das produzierende Gewerbe,
d) mit 52 Mio. die Reisebranche,
e) Banken und Versicherungen mit 29 Mio.

Berechne die Anteile in Prozent.

21 Internetnutzer weltweit (in Mio.)

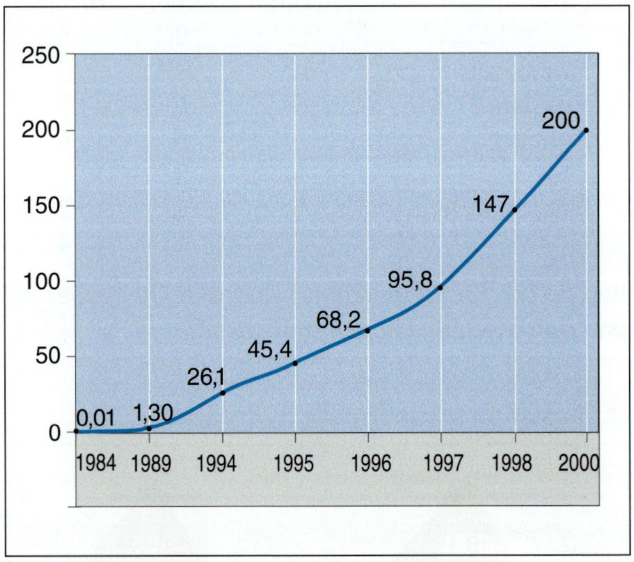

Berechne die Zunahme für:

a) 1994 – 1995
b) 1995 – 1996
c) 1996 – 1997
d) 1997 – 1998

Lösungen

16. a) 65,56%, 95,30%, 88,32%, 70,44%, 37,90%; b) 1994; **17.** 42,72%, also ist die Werbung richtig; **18.** a) 113,3%, b) 62,5%; **19.** Visits: 1214%, Pageviews: 100%; **20.** a) 38,8%, b) 32,4%, c) 22,6%, d) 20,8%, e) 11,6%; **21.** a) 74%, b) 50%, c) 40%, d) 53%

3 Berechnung des Prozentwertes

1. Unser Mr. 10% hat ein Jahreseinkommen von 50 000 Euro.
Er spendet: ______________ .

2. Berechne die 10%-Spende für die folgenden Personen.

	Name	Einkommen	10%
a)	Alois Müller	24 380 €	
b)	Carmen Schäfer	28 800 €	
c)	Friederike Meyer	60 000 €	
d)	Egon Schaub	150 000 €	

3. Ergänze die Tabelle.

	Name	monatliches Taschengeld	Spende von 5%	Spende von 12%
a)	Marie	30 €		
b)	Klaus	45 €		
c)	Oxana	65 €		
d)	Peter	70 €		

MEMO

p% von einer Zahl oder Größe bedeutet:

Grundwert $\xrightarrow{\cdot\, p\%}$ Prozentwert

Wir berechnen den **Prozentwert,** indem wir den **Grundwert** mit dem **Prozentsatz** multiplizieren.

Beispiele:

12% von 300 bedeutet: $300\,€ \cdot 12\% = 300\,€ \cdot \frac{12}{100} = 36\,€$

27% von 60 bedeutet: $60\,€ \cdot 27\% = 60\,€ \cdot 0{,}27 = 16{,}20\,€$

Du kannst den Prozentwert auch mit Hilfe des Dreisatzes berechnen:

100%	≅	G
1%	≅	$\frac{G}{100}$
p%	≅	$\frac{G}{100} \cdot p$

Beispiel:

100%	≅	300 €
1%	≅	3 €
12%	≅	36 €

Lösungen

1. 5000 €; **2.** a) 2438 €, b) 2880 €, c) 6000 €, d) 15 000 €; **3.** a) 1,5 €, 3,60 €; b) 2,25 €, 5,4 €; c) 3,25 €, 7,8 €;
d) 3,5 €, 8,4 €

Übungen

a) Der Heißhunger auf Hamburger und Fritten kennt offenbar keine Grenzen. Eine bekannte Fast-Food-Kette hatte 1994 in Deutschland 570 Filialen, 1999 waren es schon 1 000. In einer Zeitung wurden die prozentualen Zuwachsraten bis 1999 veröffentlicht.
Berechne die Anzahl der Filialen am Jahresende für die Jahre 1995 bis 1999.

Jahr	Anzahl am Jahresende	Zunahme
1994	____________	13,86% ____________
1995	____________	14,48% ____________
1996	____________	14,40% ____________
1997	____________	9,53% ____________
1998	____________	7,41% ____________

b) Die Geschäftsleitung nimmt an, dass die Anzahl der Filialen weiterhin zunehmen wird, aber in geringerem Umfang. Als Modellrechnung soll gezeigt werden, wie viele Filialen jährlich dazukommen, wenn sich die Zunahme ab dem Jahr 2000 jährlich um 0,6 Prozentpunkte verringert.
Ergänze mit diesen Werten das Diagramm bis 2005.

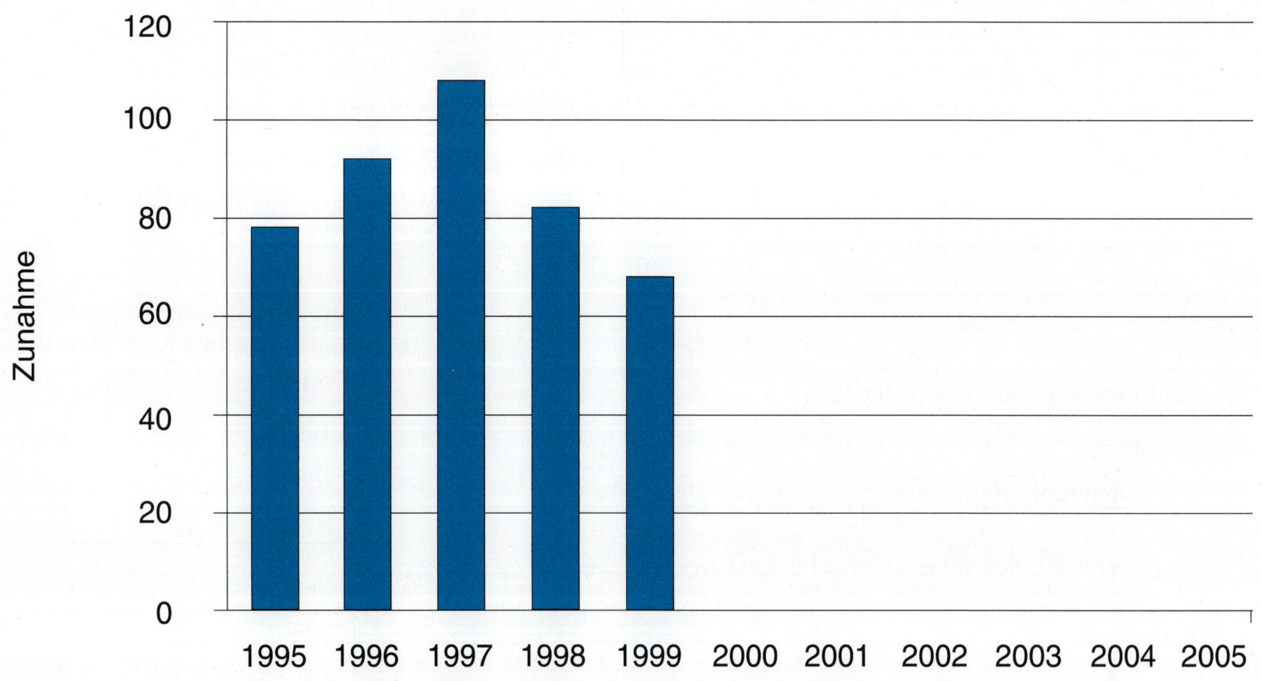

Lösungen

a) 570, 79, 649, 94, 743, 107, 850, 81, 931, 69, 1 000; b) 68, 66, 64, 60, 55, 50

1 Berechne den Preisnachlass

a)

b)

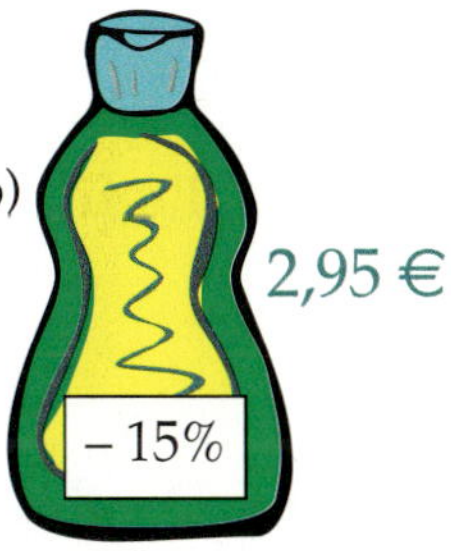

2 1997 betrug die Inflationsrate 1,8%.
Berechne die Preiserhöhung.

a)

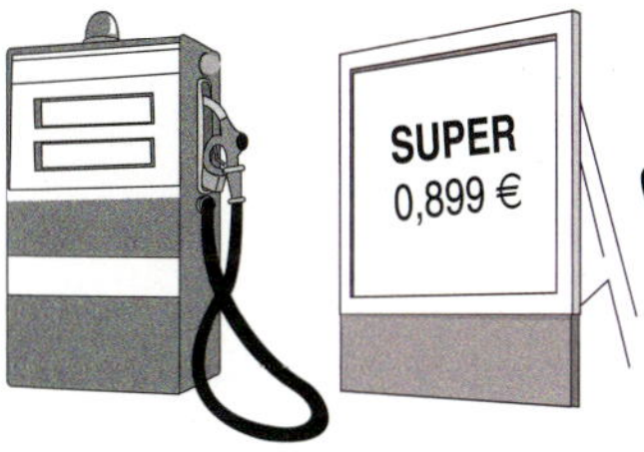

b)

3 Bestimme (30%) von

a) 5 € = ________	b) 100 kg = ________
c) 70 t = ________	d) 1 000 km = ________
e) 34,5 € = ________	f) 2,35 $ = ________

4 Berechne von 1 420 kg

a) 1% = ________	b) 6% = ________
c) 34% = ________	d) 135% = ________
e) 4,5% = ________	f) 21,3% = ________

5 Im Jahr 1995 hatte die Lufthansa AG 27 700 Mitarbeiter, davon in:

Bundesrepublik Deutschland	82,6%
Europa (ohne Deutschland)	6,8%
Nord- und Mittelamerika	5,0%
Südamerika	1,0%
Afrika und Nahost	2,3%
Asien, Pazifik und Australien	2,3%

Berechne die Mitarbeiterzahl der LH für die einzelnen Kontinente.

6 In einem Bebauungsplan ist die überbaubare Fläche eines Grundstücks mit 40% festgelegt. Bestimme die maximale Grundfläche eines Hauses für folgende Grundstücke:

a) 350 m^2 = ________	b) 400 m^2 = ________
c) 670,2 m^2 = ________	d) 8 a = ________
e) 10,5 a = ________	f) 6 a 20 m^2 = ________

7 Auf einem Biogurt sind folgende Nährwerte angegeben:

a) b)

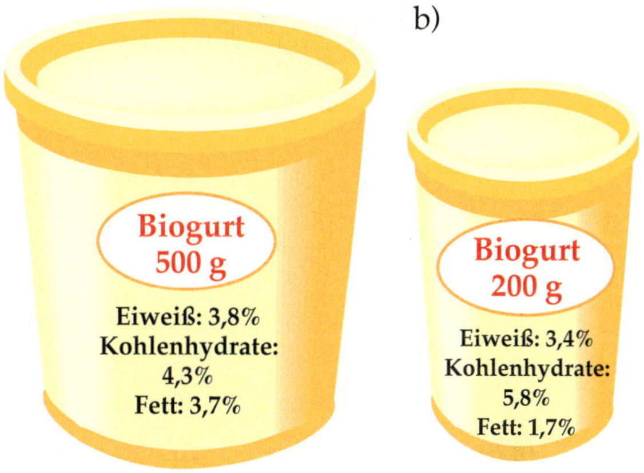

Bestimme die Nährwerte in Gramm.

8 **Informations- und Kommunikationstechnik**

a) Weltweit 511 Mrd. €, davon in:

b) In Europa 153 Mrd. €, davon in:

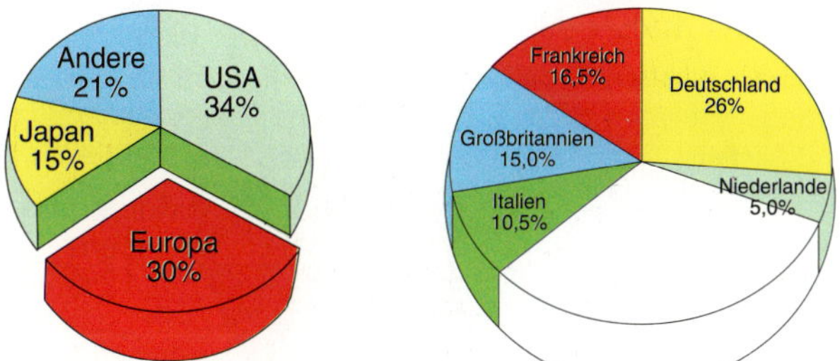

Berechne
a) den Umsatz für die USA und Europa.
b) den Anteil der europäischen Länder am europäischen ‚Kuchen'.

Lösungen

1. a) 12,25 €; b) 44 ct; **2.** a) 1,6 ct; b) 322,2 €; **3.** a) 1,5 €; b) 30 kg; c) 21 t; d) 300 km; e) 10,35 €; f) 0,705 $; **4.** a) 14,2 kg; b) 85,2 kg; c) 482,8 kg; d) 1 917 kg; e) 63,9 kg; f) 302,46 kg; **5.** 22 880; 1 884; 1 385; 277; 637; 637; **6.** a) 140 m^2; b) 160 m^2; c) 268,08 m^2; d) 320 m^2; e) 420 m^2; f) 248 m^2; **7.** a) 19 g; 21,5 g; 18,5 g; b) 6,8 g; 11,6 g; 3,4 g; **8.** a) 173,74 Mrd. €; 153,3 Mrd. €; b) Deutschland: 39,8 Mrd. €; Frankreich: 25,2 Mrd. €; Großbritannien: 23 Mrd. €; Italien: 16,1 Mrd. €; Niederlande: 7,7 Mrd. €

9

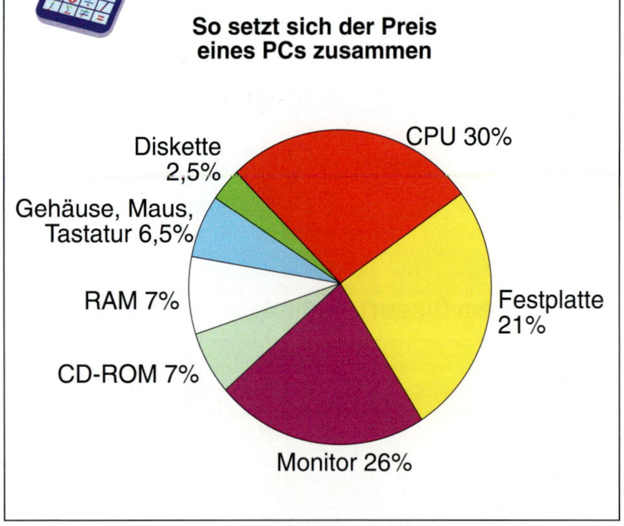

Berechne die Preise der einzelnen Komponenten bei einem Gesamtpreis von

a) 998 Euro, b) 1 345,78 Euro.

10

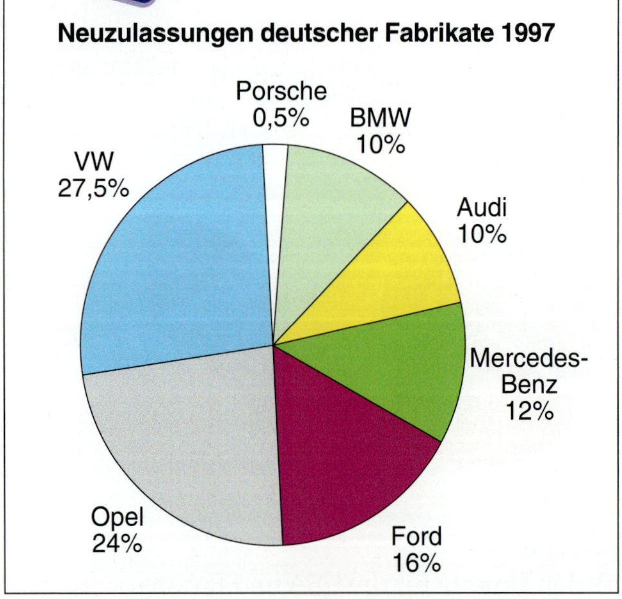

Insgesamt wurden in Deutschland 2 327 000 Kraftfahrzeuge deutscher Hersteller neu zugelassen. Bestimme die Anzahl der Zulassungen für die einzelnen Hersteller.

11

Der PC-Profi		
	128 MB RAM	64 €
	Motherboard	189 €
	CD-ROM 52fach	64,5 €
	CD-Writer	281,49 €

Zahlungsbedingungen:
bei Barzahlung 3% Rabatt
bei Ratenzahlung (12 Raten) 5,5% Zuschlag

Petra kauft einen CD-Writer und 128 MB RAM.

a) Wie viel spart Petra bei Barzahlung?
b) Wie hoch wird der Endpreis bei Ratenzahlung?

12

Berechne den Preisvorteil bei jährlicher und halbjährlicher Zahlungsweise.

Abonnieren Sie „Familie & Kid" zum günstigen Abonnementpreis von 3,50 Euro monatlich (inkl. Versand und MwSt).
Bitte liefern Sie mir „Familie & Kid" mindestens 12 Monate frei Haus. Stellen Sie Ihre Rechnung

☐ jährlich	☐ halbjährlich	☐ vierteljährlich
Preisvorteil 10%	Preisvorteil 4%	kein Nachlass

13

Eine Prozentangabe kann auch größer als 100% sein. Auf alle Waren, die du kaufst, wird die Mehrwertsteuer (MwSt.) von 16% aufgeschlagen. In Prozent ausgedrückt zahlst du also 116%.
Bestimme den Verkaufspreis. Angegeben sind die Nettopreise.

Lösungen

9. a) 299,4 €, 209,58 €, 259,48 €, 69,86 €, 69,86 €, 64,87 €, 24,95 €; b) 403,73 €, 282,61 €, 349,90 €, 94,20 €, 94,20 €, 87,48 €, 33,64 €; **10.** 639 925, 558 480, 372 320, 279 240, 232 700, 232 700, 11 635; **11.** a) 10,36 €, b) 364,49 €; **12.** 4,2 €, 1,68 €; **13.** 6,96 €, 9,28 €, 1,86 €, 5,22 €, 2,67 €, 3,71 €

4 Berechnung des Grundwertes

In den Wochen zwischen dem 15. September und dem 22. Dezember sind 35 000 Fahrzeuge im Einsatz, um die Zuckerrüben von den Feldern zu der Zuckerfabrik im niederrheinischen Appeldorn zu transportieren. Bei einem Zuckergehalt von 16 Prozent pro Rübe produziert das Werk in diesem Zeitraum 100 000 Tonnen Zucker.

Allein in Deutschland – kaum zu glauben – verbraucht jeder Einwohner 33 Kilogramm pro Jahr.

1. Berechne die in Appeldorn angelieferte Rübenmenge.

2. Wie viel Kilogramm Rüben benötigt man für
a) die Herstellung von einem Kilogramm Zucker?
b) den Jahresbedarf eines Bundesbürgers an Zucker?

3. Wie viel Gramm Zucker nimmst du durchschnittlich pro Tag zu dir?

4. Bestimme das Füllgewicht, die Gesamtmenge.

a)

Zuckeranteil: 39%, das sind 39 g.

____

b)

Fettanteil: 30%, das sind 60 g.

____

c)

Zuckeranteil: 60%, das sind 150 g.

____

MEMO

p% vom Grundwert sind bekannt:
Grundwert ←——— : p% ——— **Prozentwert**

Wir berechnen den **Grundwert,** indem wir den **Prozentwert** durch den **Prozentsatz** dividieren.

Beispiele:
14% vom Grundwert sind 70 g.
$70\text{ g} : 14\% = 70\text{ g} : \frac{14}{100} = 70\text{ g} \cdot \frac{100}{14} = 500\text{ g}$

30% vom Grundwert sind 15,39 Euro.
$15{,}39\text{ €} : 30\% = 15{,}39\text{ €} : 0{,}3 = 153{,}9\text{ €} : 3 = 51{,}3\text{ €}$

Du kannst den Grundwert auch mit Hilfe des Dreisatzes berechnen.

p%	≅	P
1%	≅	$\frac{P}{p}$
100%	≅	$\frac{P}{p} \cdot 100$

Beispiel:

14%	≅	70 g
1%	≅	5 g
100%	≅	500 g

Lösungen

1. 625 000 t; **2.** a) 6,25 kg, b) 206,25 kg; **3.** 90 g; **4.** a) 100 g, b) 200 g, c) 250 g

	Ein halber Liter des gesuchten Getränks deckt den jeweiligen Tagesbedarf zu:		Diese Menge deckt den gesamten Tagesbedarf:	Lösungswort
Vitamin A	23%			
Vitamin B_1	16%	0,5 ℓ : 16% =	3,125 ℓ	X
Vitamin B_2	52%			
Vitamin B_6	13%			
Vitamin B_{12}	57%		0,877 ℓ	X
Pantothensäure	23%			
Vitamin C	15%			
Vitamin D	16%		3,125 ℓ	X

Schätze ab!!

Bei welchen Vitaminen
a) ist weniger als ein Liter notwendig?
b) sind mehr als drei Liter notwendig?
c) Berechne die Menge für den kompletten Tagesbedarf!

Die richtigen Angaben ergeben das gesuchte Getränk.

0,451	0,701	0,876	0,962	1,174	1,428	1,873	2,067	2,174	2,174	1,175	2,760	3,333	3,753	3,846	4,679
E	F	A	I	R	S	T	A	M	C	O	G	H	N	L	N

Lösungen

a) Vitamin B_2, Vitamin B_{12}; b) Vitamin B_1, Vitamin B_6, Vitamin C, Vitamin D; c) Milch

1 In nur zehn Ländern lagern rund 87% der bisher entdeckten Welt-Ölvorräte.
Berechne die Gesamtreserven an Erdöl.

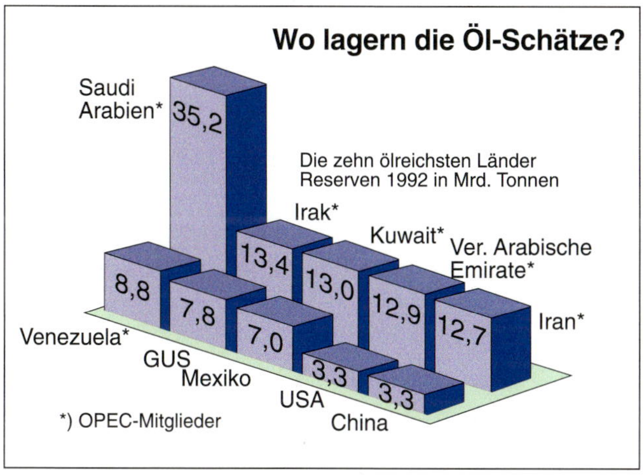

2 Berechne den Grundwert.

a)	5%	von	______	sind 120 €
	12%	von	______	sind 5,40 €
	3,5%	von	______	sind 49 €
	0,7%	von	______	sind 3,50 €
b)	20%	von	______	sind 14,20 kg
	43%	von	______	sind 129 kg
	2,5%	von	______	sind 2 kg
	7,2%	von	______	sind 8,64 kg
c)	6%	von	______	sind 208 €
	14%	von	______	sind 3,75 t
	2,25%	von	______	sind 29,25 g
	11,5%	von	______	sind 1 500 €
d)	8%	von	______	sind 9,75 m
	19%	von	______	sind 140 cm
	$2\frac{1}{2}$%	von	______	sind 28 g
	$4\frac{1}{3}$%	von	______	sind 520 €

3 Von allen Schülern eines 10. Schuljahres erhielten 30 ein Abschlusszeugnis mit Qualifikationsvermerk, das waren 25%. Wie viele Schüler wurden entlassen?

4 Bei der Überprüfung wurden bei 24 Fahrrädern, das sind 15% von allen überprüften, erhebliche Sicherheitsmängel festgestellt.
Wie viele Fahrräder haben die Polizeibeamten überprüft?

5 Bei einem Sportfest erhielten 15 Schüler einer Klasse eine Urkunde, das waren 60%.
Wie groß ist die Klasse?

6 Ein Führerscheinneuling zahlt für die Haftpflichtversicherung einen Betrag, der 75% über dem Normaltarif liegt, also: ________ .
Nach zwei unfallfreien Jahren sinkt der Tarif auf 100%.
Maria zahlt als Anfängerin 795,83 €.
Berechne ihren Beitrag für das dritte Jahr.

7 Das Statistische Bundesamt meldet für das Jahr 1997 3,528 Mio. neu zugelassene Kraftfahrzeuge in Deutschland. Damit beträgt der Anteil an Neufahrzeugen 7,2%.
Wie hoch war der Kfz-Bestand 1997?

8 In Deutschland wurden im Jahr 1997 für 110 Mrd. Euro Autos verkauft. Das ist ein Anteil von 5,6 Prozent der Gesamtausgaben aller Privathaushalte. Berechne die Höhe der gesamten privaten Ausgaben.

Lösungen

1. 134,6 Mrd. t; **2.** a) 2 400 €, 45 €, 1 400 €, 500 €; b) 71 kg, 300 kg, 80 kg, 120 kg; c) 3 466,67 €, 26,786 t, 1 120 g, 13 043,48 €; d) 121,875 m, 736,84 cm, 1 120 g, 12 000 €; **3.** 120; **4.** 160; **5.** 25; **6.** 175%, 454,76 €; **7.** 49 Mio.; **8.** 1964 Mrd. €

9 1997 wurden rund 56 700 Tonnen gebrauchter Verpackungen aus Kunststoff recycelt. Damit sind 69% der in Umlauf befindlichen Verpackungen wiederverwertet worden.
Berechne die gesamte Verpackungsmenge.

10

Das fluss- und seenreiche Land Österreich erzeugte 1995 69,6% des elektrischen Stroms aus Wasserkraft. Das waren ca. 38 Mrd. kWh. Damit ist es in der Europäischen Union Spitzenreiter.
In Deutschland werden 19,8 Mrd. kWh Strom aus Wasserkraft erzeugt, das sind 4,8%.
Wie viel kWh werden in den beiden Ländern jeweils insgesamt produziert?

11 Der prozentuale Anteil der Lohnsteuer steigt mit zunehmendem Einkommen.

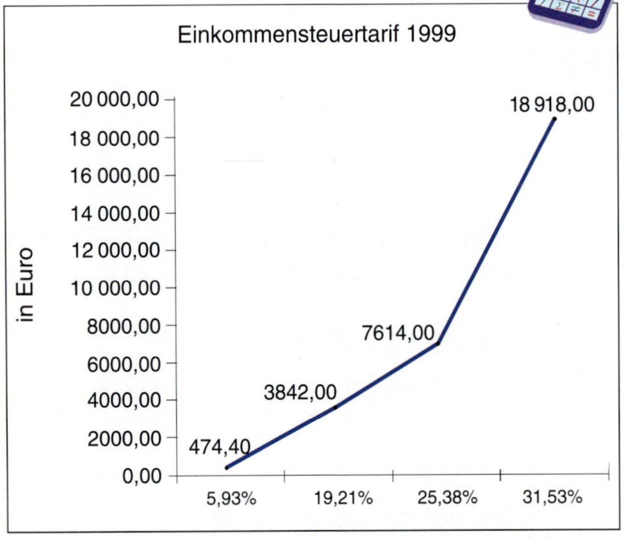

Berechne das zu versteuernde Einkommen.

12 Frau Meyer ist als Außendienstmitarbeiterin mit 6% am Wert ihrer Verkäufe beteiligt. In den letzten vier Monaten überwies ihre Firma neben dem Grundgehalt folgende Beträge:

Juli:	852 €	G = ________
August:	1 200 €	G = ________
September:	1 870,50 €	G = ________
Oktober:	978,30 €	G = ________

Für wie viel Euro hat sie in den einzelnen Monaten verkauft?

13 Der Januar hat in Berlin im Durchschnitt 56 Sonnenstunden. Das sind im Vergleich zu

a) Kapstadt 16,57%, b) Oslo 124,44%,
c) Kairo 23,73%, d) Moskau 186,67%.

Wie viele Stunden scheint die Sonne jeweils in den genannten Städten?

14

Fahrten mit dem Autoreisezug vom Festland nach Sylt wurden 1997 um drei Prozent oder 4,05 € teurer. Berechne den alten und den neuen Fahrpreis.

15

	1995	Veränderung
Passagiere in Mio.	32	+ 8,1%
Umsatz in Mrd. E	6,764	– 17,3%
Mitarbeiter	27 443	– 37,8%

Berechne die Angaben für das Jahr 1994.

Lösungen

9. 82 174 t; **10.** 54,6 Mrd. kWh, 412,5 Mrd. kWh; **11.** 8 000 €, 20 000 €, 30 000 €, 60 000 €; **12.** 14 200 €, 20 000 €, 31 175 €, 16 305 €; **13.** a) 338 h, b) 45 h, c) 236 h, d) 30 h; **14.** 135 €; 139,05 €; **15.** 29,6 Mio.; 8,179 Mrd. €; 44 121

5 Lerntipp: Bequeme Prozentsätze

Es gibt Prozentsätze, die du dir **ganz bequem** als Bruchteil merken kannst, um damit **ganz bequem** zu rechnen.
Wenn diese Prozentsätze bei dir im Kopf **gut sitzen,** ist manche Rechnung ganz schnell erledigt.

1. Bevor du lernst, solltest du allerdings erst alle Lücken (= gelbe und grüne Flicken) richtig beschriften.

2. Ergänze Bruchteile und Prozentsatz.

a) $0{,}1 = \frac{1}{10} = 10\%$

b) $0{,}5 =$ ___ $=$ ___

c) $0{,}25 =$ ___ $=$ ___

d) $0{,}7 =$ ___ $=$ ___

e) $0{,}2 =$ ___ $=$ ___

f) $0{,}8 =$ ___ $=$ ___

g) $0{,}\overline{3} =$ ___ $=$ ___

h) $0{,}125 =$ ___ $=$ ___

i) $0{,}6 =$ ___ $=$ ___

Lösungen

1. $\frac{4}{5} = 80\%$; $\frac{1}{8} = 12{,}5\%$; $10\% = \frac{1}{10}$; $\frac{3}{5} = 60\%$; $\frac{2}{5} = 40\%$; $66\frac{2}{3}\% = \frac{2}{3}$; $\frac{1}{2} = 50\%$; $75\% = \frac{3}{4}$; $\frac{1}{3} = 33\frac{1}{3}\%$; $20\% = \frac{1}{5}$; $\frac{1}{4} = 25\%$;

2. b) $\frac{5}{10} = 50\%$; c) $\frac{25}{100} = 25\%$; d) $\frac{7}{10} = 70\%$; e) $\frac{2}{10} = 20\%$; f) $\frac{8}{10} = 80\%$; g) $\frac{1}{3} = 33\frac{1}{3}\%$; h) $\frac{125}{1000} = 12{,}5\%$; i) $\frac{6}{10} = 60\%$

Übungen

Berechne die Grundaufgaben im Kopf.
Die Lösungsbuchstaben ergeben in Pfeilrichtung gelesen ein Wort.

1 Prozentwert gesucht:

		Lösungswort
25% von 480 €		
20% von 600 €		
10% von 470 €		
$33\frac{1}{3}$% von 390 €		
40% von 700 €		
75% von 800 €		
60% von 600 €		
5% von 900 €		

↑

280 €: A
360 €: I
45 €: M
120 €: T
47 €: E
600 €: N
130 €: R

2 Grundwert gesucht:

		Lösungswort
12,5% sind 75 €	100% sind	
20% sind 96 €	100% sind	
10% sind 26 €	100% sind	
$33\frac{1}{3}$% sind 14 €	100% sind	
2% sind 12 €	100% sind	
$66\frac{2}{3}$% sind 320 €	100% sind	
25% sind 70 €	100% sind	
5% sind 13 €	100% sind	
$16\frac{2}{3}$% sind 20 €	100% sind	

↑

120 €: T
600 €: N
480 €: I
42 €: E
260 €: R
280 €: A

3 Prozentsatz gesucht:

		Lösungswort
48 € von 80 €	=	
90 € von 240 €	=	
4 500 € von 6 000 €	=	
400 € von 600 €	=	
9,6 € von 96 €	=	
12 € von 20 €	=	
50 € von 300 €	=	

↑

75% : I
$66\frac{2}{3}$% : M
60% : E
10% : R
$16\frac{2}{3}$% : T
37,5% : N

Lösungen

1. Minarett; 2. Trainerin; 3. Termine

6 Erhöhung des Grundwertes

Jedes Jahr fordern die Gewerkschaften mehr Lohn. Als Grund nennen sie z. B.:

- die allgemeine Preissteigerung (Inflation),
- die Steigerung der Unternehmensgewinne.

Das Säulendiagramm zeigt dir, in welchen Jahren die reale Lohnentwicklung für die Arbeitnehmer günstig war.

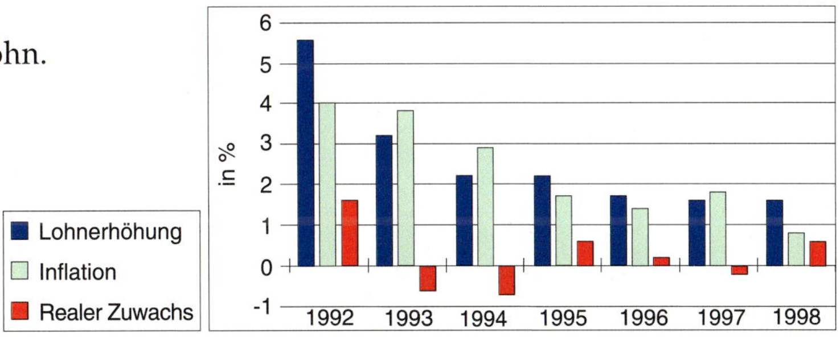

1. In welchen Jahren führte die Lohnerhöhung bei den Arbeitnehmern zu einem realen Einkommenszuwachs?

2. 1996 betrug die Lohnerhöhung 1,6%.
a) Beschrifte das Balkendiagramm.

Lohnerhöhung: ______%

Alter Lohn: Prozent

Neuer Lohn: Prozent

b) Marias Mutter hatte 1995 ein Monatseinkommen von 1 800 Euro. Berechne ihren neuen Monatslohn.
c) Durch die Geldentwertung von 1,4% bleiben Marias Mutter aber nur ______ Prozentpunkte mehr; das ist die Erhöhung der Kaufkraft.
d) Berechne mit der Erhöhung der Kaufkraft das neue Einkommen.

3. Ergänze.

	Alter Lohn	Erhöhung	Faktor	Neuer Lohn
	2 000 €	15%	100% + 15% = 115% = 1,15	2 000 € · 1,15 = 2 300 €
a)	5 000 €	4%		
b)	6 100 €	3,7%		
c)	1 500 €		1,3	

MEMO

Wir erhöhen den Grundwert um p%,
indem wir den Grundwert mit der Summe aus 100% und p% multiplizieren.

Beispiele:	Berechnung des Faktors	Rechnung
200 € erhöht um 3%	100% + 3% = 103% = 1,03	**200 € · 1,03 = 206 €**
7,8 t erhöht um 12,5%	100% + 12,5% = 112,5% = 1,125	**7,8 t · 1,125 = 8,775 t**

Lösungen

1. 1992, 1995, 1996, 1998; **2.** a) 100; 101,6; b) 1 828,80 €; c) 0,2; d) 1 803,6 €; **3.** a) 1,04; 5 200 €; b) 1,037; 6 325,70 €; c) 30%; 1 950 €

Petras Mutter hatte 1990 ein Einkommen von 1 700 Euro.
In einer Zeitung wurden die prozentualen Zuwachsraten beim Lohn bis 2000 veröffentlicht.

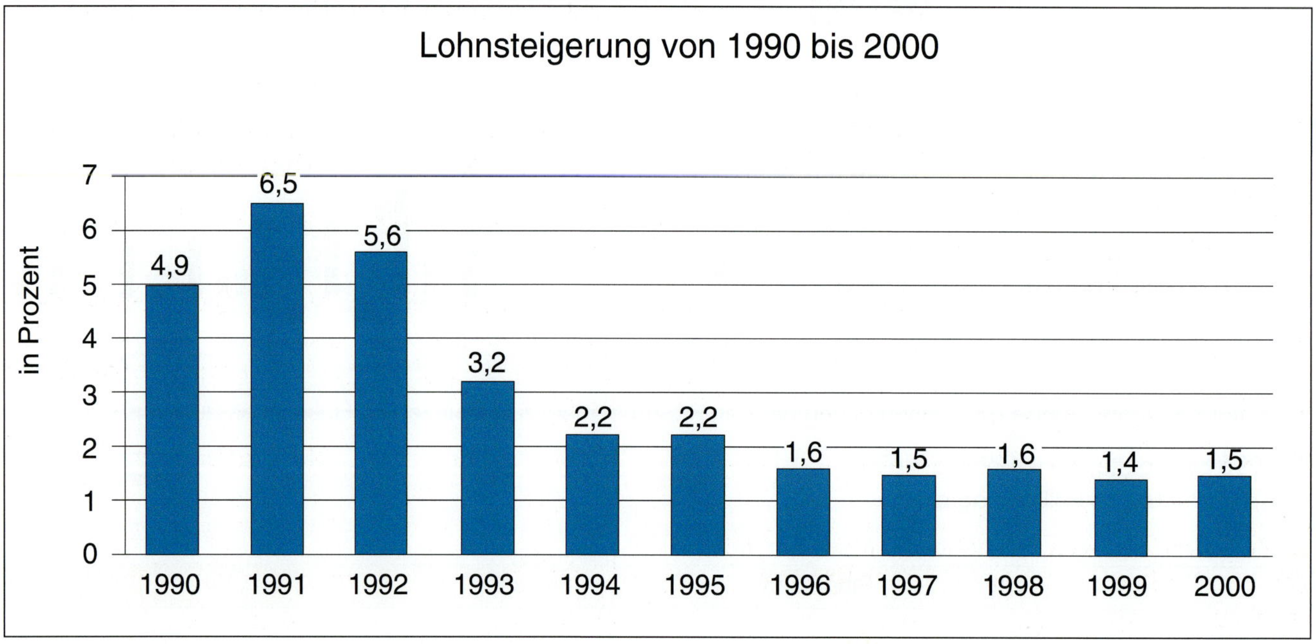

Berechne die Höhe des Lohnes von Petras Mutter für die Jahre 1991 bis 2001.

Jahr	alter Lohn	Zunahme	Rechenfaktor	neuer Lohn
1990	1 700 €	4,9%	100% + 4,9% = 104,9% = 1,049	1 700 € · 1,049
1991	1 783,30 €			
1992				
1993				
1994				
1995				
1996				
1997				
1998				
1999				
2000				
2001				

Lösungen

1991: 1,065; **1992:** 1 899,21 €; 1,056; **1993:** 2 005,57 €; 1,032; **1994:** 2 069,75 €; 1,022; **1995:** 2 115,28 €; 1,022; **1996:** 2 161,82 €; 1,016; **1997:** 2 196,41 €; 1,015; **1998:** 2 229,36 €; 1,016; **1999:** 2 265,03 €; 1,014; **2000:** 2 296,74 €; 1,015; **2001:** 2 331,19 €

1 Bestimme den Faktor für folgende Erhöhungen:

Beispiel:

Erhöhung	Faktor
+ 18%	100% + 18% = 118% = 1,18

a) + 6% ____________

b) + 13% ____________

c) + 30% ____________

d) + 12,7% ____________

e) + 4,8% ____________

f) + 0,2% ____________

2 Zu Werbezwecken vermehrt ein Müslihersteller den Inhalt, ohne den Preis zu erhöhen.

a) Wie viel Gramm enthält die Werbepackung?
b) Wie hoch müsste der neue Preis sein?

3 Stimmt diese Werbung?

+ 50%
750 ml zum Preis von 500 ml

4 Ein Supermarkt erhöht alle Preise um 3%.

120 € | 29,80 € | 230 € | 14,95 € | 45 €

Schreibe die neuen Preisetiketten.

5 Petras Taschengeld betrug im Jahr 1995 30 Euro pro Monat. Die jährliche Erhöhung ihres Taschengeldes hat sie an den Reallohnzuwachs ihres Vaters gekoppelt. Er hatte folgenden Zuwachs zu verzeichnen:

a) 1996: 2% b) 1997: 1,8%
c) 1998: 1,4% d) 1999: 2,5%

Berechne Petras Taschengeld für jedes Jahr.

6 Im öffentlichen Nahverkehr gab es eine Preiserhöhung von 3,7%.
Berechne die Höhe der neuen Fahrpreise (runde auf Cent).

Alter Preis	Neuer Preis
a) 3 €	____________
b) 5,40 €	____________
c) 9,80 €	____________
d) 28,75 €	____________

7 Bestimme die alte Menge im Kopf.

8 Bestimme nach einer Preiserhöhung um a) 5%, b) 12% den alten Preis.

Beispiel:
8% mehr! Das sind neu 2,06 €.
Der neue Preis sind 100% + 8% = 108%.
Rechnung: 2,06 € : 108% ≈ 1,91 €.

	alter Preis	neuer Preis in%	neuer Preis
a)			21 Cent
			52,50 €
b)			67 €
			17,85 €

Lösungen

1. a) 1,06, b) 1,13, c) 1,3, d) 1,127, e) 1,048, f) 1,002; **2.** a) 125 g, b) 4,5 €; **3.** richtig; **4.** 236,90 €, 123,60 €, 46,35 €, 30,69 €, 15,40 €; **5.** a) 30,60 €, b) 31,15 €, c) 31,59 €, d) 32,38 €; **6.** a) 3,11 €, b) 5,60 €, c) 10,16 €, d) 29,81 €; **7.** a) 200 g, b) 100 g; **8.** a) 105%, 20 Cent, 50 €; b) 112%, 59,82 €, 15,94 €

7 Verminderung des Grundwertes

„Mit Ecomotor!"

Das 3-Liter-Auto kommt, daran arbeiten die Ingenieure intensiv.
Ein Fahrzeug mit 55 kW hatte z. B. 1993 im Stadtverkehr einen Verbrauch von 9,3 Liter auf 100 km.
Das gleiche Fahrzeug mit ‚Ecomotor' weist hingegen im Stadtverkehr bereits einen um ca. 59% reduzierten Verbrauch auf.
Wie funktioniert das?
Braucht das Fahrzeug keinen eigenen Antrieb, so regelt die Stopp-Start-Automatik den Benzinverbrauch auf Null. Bis zu 60% der Zeit im Stadtverkehr kann der Motor stillstehen.

1. a) Wie viel verbraucht der ‚Ecomotor' in Prozent? __________
b) Berechne den Benzinverbrauch beim ‚Ecomodell'.

2. Gemäß einer freiwilligen Verpflichtung wollen die deutschen Automobilhersteller den Benzinverbrauch ihrer Pkw bis 2005 um durchschnittlich 2% jährlich senken.

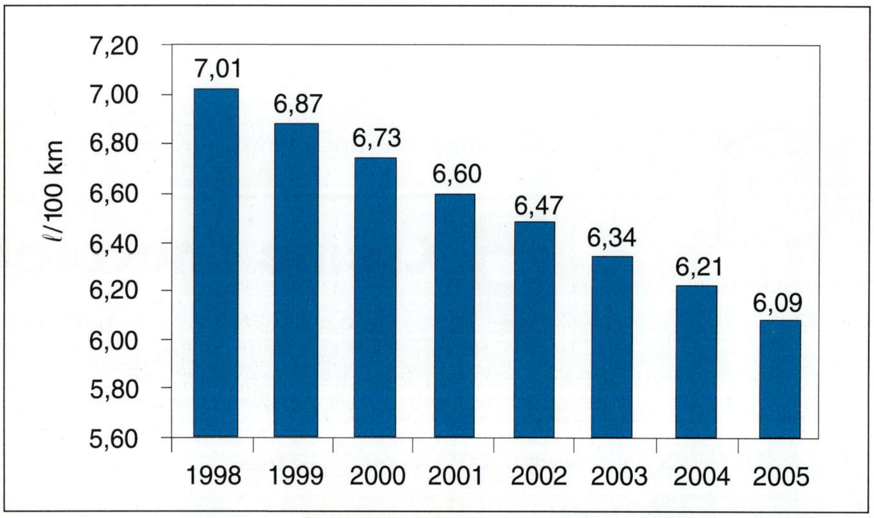

a) Überprüfe die Angaben über den Flottenverbrauch auf 100 km von 1999 nach 2000 und von 2001 nach 2002.
b) Um wie viel Prozent wird der Benzinverbrauch von 1998 bis 2005 abnehmen?

MEMO

Wir vermindern den Grundwert um p%,
indem wir den Grundwert mit
der Differenz aus 100% – p% multiplizieren

Beispiele:	Berechnung des Faktors	Rechnung
200 € vermindert um 9%	100% – 9% = 91% = 0,91	**200 € · 0,91 = 182 €**
780 g vermindert um 12,5%:	100% – 12,5% = 87,5% = 0,875	**780 g · 0,875 = 682,5 g**

Lösungen

1. a) 41%, b) 3,8 l; **2.** a) stimmt; b) 13,12%

1997: Auf der Weltklimakonferenz im japanischen Kyoto verspricht Deutschland, seine CO_2-Emissionen von jährlich ca. 1 200 Millionen Tonnen (Stand 1990) bis spätestens 2012 um 21% zu senken.

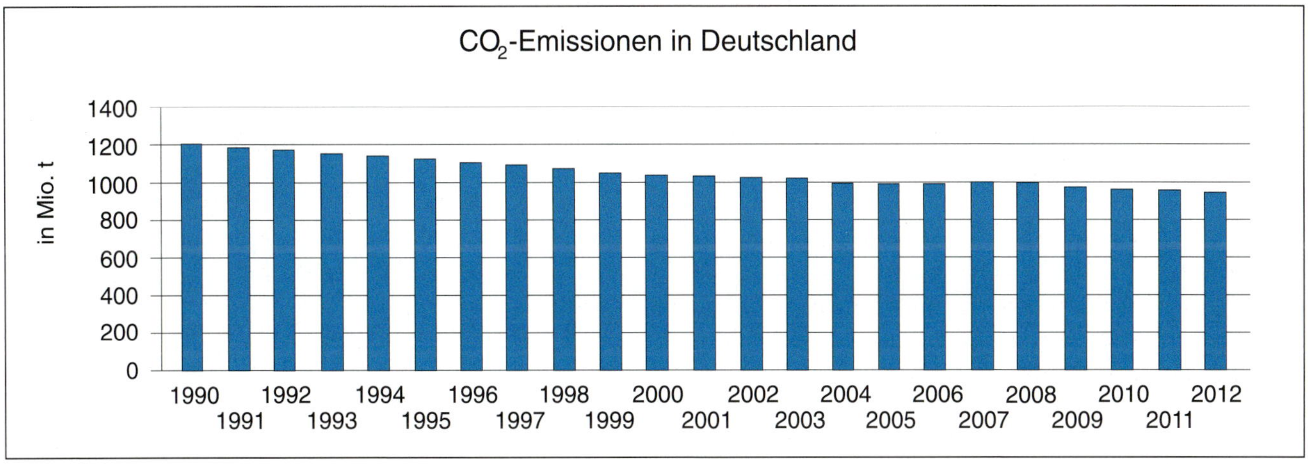

a) Berechne die geplante CO_2-Emission für das Jahr 2012!

b) Petra behauptet: Zur Erreichung dieses Ziels müssten jährlich nur 1,07% eingespart werden.

Abnahme: 1,07%; Rechenfaktor: ______________________

c) Kontrolliere Petras Behauptung.

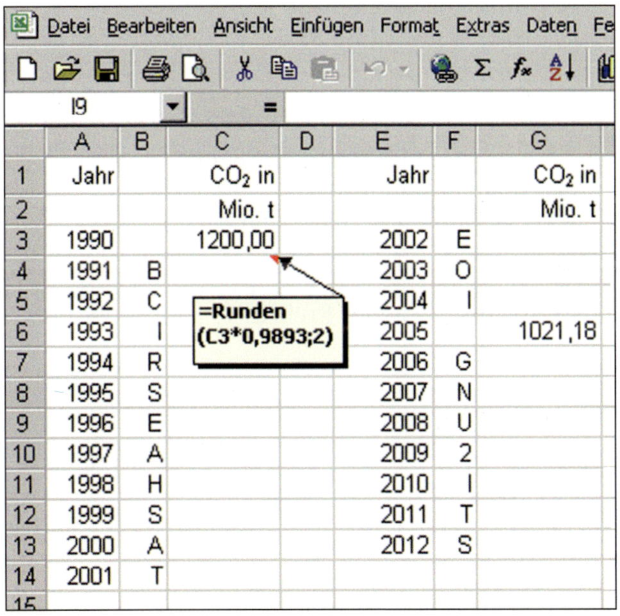

	A	B	C	D	E	F	G
1	Jahr		CO_2 in		Jahr		CO_2 in
2			Mio. t				Mio. t
3	1990		1200,00		2002	E	
4	1991	B			2003	O	
5	1992	C			2004	I	
6	1993	I			2005		1021,18
7	1994	R			2006	G	
8	1995	S			2007	N	
9	1996	E			2008	U	
10	1997	A			2009	2	
11	1998	H			2010	I	
12	1999	S			2011	T	
13	2000	A			2012	S	
14	2001	T					

=Runden(C3*0,9893;2)

1 174,46	1 043,38	978,17

967,70	1 089,26	957,35

1 124,99	1 161,89	999,44

1 066,07	1 149,46	1 054,66	1 032,22	1 187,16	1 101,04	1 112,95	988,75	1 137,16	1 010,25	1 077,60	947,11

Lösungen

a) 948 Mio. t; b) 100% − 1,07% = 98,93% = 0,9893; c) CO_2 ist ein Treibhausgas

Übungen

1 Bestimme den Faktor für folgende Reduzierungen:

Beispiel:

Reduzierung	Faktor
– 18%	100% – 18% = 82% = 0,82

a) – 6% __________

b) – 13% __________

c) – 3,8% __________

d) – 12,7% __________

e) – 0,62% __________

f) – 0,09% __________

2 Im Winterschlussverkauf gibt es große Preissenkungen, um die Lager zu räumen.
In einem Bekleidungsgeschäft heißt es: 40% Rabatt auf alle Waren.

a) 90 b) 125 c) 55 d) 110

Bestimme jeweils den neuen Verkaufspreis.

3 Ein Supermarkt verringert alle Preise um 15%.

a) 9 € / 7,65 € b) 99 ct / 84 ct c) 14,95 € / 12,89 € d) 128 € / 108,80 €

Kontrolliere die neuen Preise.

4 Ein Großhändler bezieht täglich

a) 200 t Gemüse aus dem Umland,
b) 70 t Südfrüchte aus Italien,
c) 75 kg Blumen aus Holland,
d) 20 kg frische Kräuter.

Während des Transports verderben im Durchschnitt 3% der Ware.
Welche Menge kann er jeweils weiterverkaufen?

5 **Heute Sonderangebote!**
15% Rabatt auf alle Preise bis 200 Euro,
20% Rabatt auf alle Preise über 200 Euro!

	alt	neu		alt	neu
a)	9 €	____	b)	25 €	____
c)	156 €	____	d)	210 €	____
e)	700 €	____	f)	178,89 €	____

6 Wie hoch war der alte Preis? Rechne im Kopf!

a)

b)

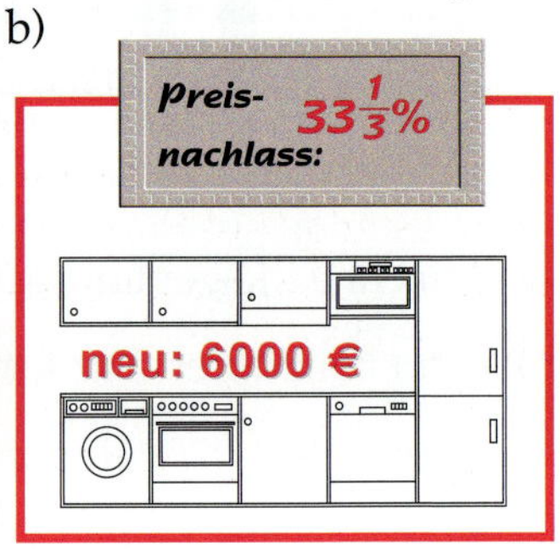

7 Bestimme nach einer Preissenkung um
a) 5%, b) 12% den alten Preis.

Beispiel:
7% weniger! Das sind neu 18,6 €.
Der neue Preis sind 100% – 7% = 93%.
Rechnung: 18,6 € : 93% = 20 €.

	alter Preis	neuer Preis in%	neuer Preis
a)			21 €
			52,50 €
b)			151,20 €
			73,10 €

8 Schlussverkauf: Alle Preise minus 30%!

178 € 219,80 € 2700 € 14,78 € 56 € 4,35 €

Wie waren die Preise vorher?

Lösungen

1. a) 0,94, b) 0,87, c) 0,962, d) 0,873, e) 0,9938, f) 0,9991; **2.** a) 54 €, b) 75 €, c) 33 €, d) 66 €; **3.** a) ja, b) ja, c) nein, d) ja; **4.** a) 194 t, b) 67,9 t, c) 72,75 kg, d) 19,4 kg; **5.** a) 7,65 €, b) 21,25 €, c) 132,6 €, d) 168 €, e) 560 €, f) 152,07 €; **6.** a) 8 900 €, b) 9 000 €; **7.** a) 95%, 22,11 €, 55,26 €, b) 88%, 171,82 €, 83,07 €; **8.** 254,29 €; 314 €; 3857,14 €; 21,11 €; 80 €; 6,21 €

8 Zinsen für ein Jahr

Die Großeltern von Ulrike, Johann und Sabrina haben für jedes Enkelkind zu dessen Geburt ein Sparbuch angelegt.
Zum Jahresbeginn wird ein fester Betrag eingezahlt. Am Jahresende werden von der Sparkasse die Zinsen gutgeschrieben und das neue Guthaben berechnet.

Ulrike hat ein Guthaben von 370 Euro. Es wird von ihrer Bank mit 2% verzinst.
Johann hatte am Jahresanfang ein Guthaben von 700 Euro. Er erhält 14 Euro Zinsen.
Sabrina bekommt 20 Euro Zinsen bei einem Zinssatz von 2,5%.

1. Ulrike erhält ________ Zinsen.

2. Johanns Guthaben wird mit ________ verzinst.

3. Sabrina hat ein Guthaben von ________ .

4. Berechne die jeweils fehlende Größe.

	Kapital	Zinssatz	Jahreszinsen
a)	130 €	5%	
b)		3%	225 €
c)	1 200 €		75 €
d)	3,4 Mio. €	48,3%	

MEMO

Bei der Zinsrechnung kannst du wie bei der Prozentrechnung vorgehen.
Es ändern sich nur die Bezeichnungen.
Wir schreiben

Kapital —· Zinssatz→ **Z**insen

Kurz: K —· p%→ Z

$$\frac{K \cdot p}{100} = Z$$

Lösungen

1. 7,4 €; **2.** 2%; **3.** 800 €; **4.** a) 6,5 €, b) 7 500 €, c) 6,25%, d) 1 642 200 €

Berechne die Vergleichsgrößen und entscheide dich für ein Angebot.

Kredit:	12 000 €
effektiver Jahreszinssatz:	4,9%
Bearbeitungsgebühr:	0%
Laufzeit:	36 Monate
Kreditkosten in %: (1)	7,55%
a) Kreditkosten:	______________
b) Gesamtschuld:	______________
c) 36 Raten:	______________

Kredit:	12 000 €
monatlicher Zinssatz:	0,39%
Bearbeitungsgebühr:	2%
Laufzeit:	36 Monate
d) Kreditkosten in %: (2)	______________
e) Kreditkosten:	______________
f) Gesamtschuld:	______________
g) 35 Raten (ganze Euro):	______________
h) letzte Rate:	______________
i) effektiver Jahreszinssatz: (3)	______________

(1) Kreditkosten in % = effektiver Jahreszins $\cdot \frac{(\text{Laufzeit} + 1)}{24}$

(2) Kreditkosten in % = monatlicher Zinssatz · Laufzeit + Bearbeitungsgebühr in%

(3) effektiver Jahreszinssatz = $\frac{\text{Kreditkosten in \%}}{\text{Laufzeit} + 1} \cdot 24$

Lösungen

a) 906 €, b) 12 906 €, c) 358,50 €, d) 16,04%, e) 1 924,80 €, f) 13 924,80 €, g) 387 €, h) 379,80 €, i) 10,40%

1 Wer bekommt mehr Zinsen?

2 Ergänze die Jahreszinsen.

	Kapital	Zinssatz	
		3%	4,25%
a)	450 €		
b)	7 800 €		
c)	12,56 €		
d)	34 560,59 €		

3 Berechne das Kapital für das folgende Jahr.

	Kapital (alt)	Zinssatz	Kapital (neu)
a)	200 €	1,9%	
b)	395 €	2,75%	
c)	45,60 €	7,4%	
d)	780,19 €	$1\frac{3}{4}$%	

4 Geld kann man privat leihen und verleihen:

a) Suche 5 000 €!

Zahle für ein Jahr 400 € Zinsen.

b) 20 000 € gesucht!

Zahle nach einem Jahr 21 000 € zurück.

c) Suche 7 000 €!

Zahle für ein Jahr 1 200 € Zinsen.

d) 50 000 € gesucht!

Zahle nach einem Jahr 56 000 € zurück.

Zu welchem Zinssatz wird das Geld jeweils geliehen?

5

a) Franziska hat für ihr Sparbuchguthaben von 600 € am Jahresende 16,20 € Zinsen erhalten.
b) Katharina bekommt für 456,70 € Guthaben 11,87 € Zinsen.

Welches Konto hat den besseren Zinssatz?

6 Berechne den Zinssatz.

	Kapital am Jahresanfang	Kapital am Jahresende	Zinssatz
a)	164,50 €	167,79 €	
b)	3 000 €	3 057 €	
c)	98,3 €	101,45 €	
d)	12 485,4 €	13 409,32 €	

7 Wie hoch ist das Kapital?

a) Peter erhält bei einem Zinssatz von 4% 80 € Zinsen.
b) Maria werden bei einem Zinssatz von 2,75% 56,70 € Zinsen gutgeschrieben.
c) Meikes Bank zahlt 5%, ihre Zinsen betragen 178,45 €.

Lösungen

1. a) 18 €, b) 23 €; **2.** a) 13,5 €, 19,13 €; b) 234 €, 331,50 €; c) 0,38 €, 0,53 €; d) 1 036,82 €, 1 648,83 €; **3.** a) 203,80 €, b) 405,86 €, c) 48,97 €, d) 793,84 €; **4.** a) 8%, b) 5%, c) 17,14%, d) 12%; **5.** a) 2,7%, b) 2,6%; **6.** a) 2%, b) 1,9%, c) 3,2%, d) 7,4%; **7.** a) 2 000 €, b) 2 061,82 €, c) 3 569 €

9 Zinseszins

Maren und Alexander sind zu ihrer Sparkasse gegangen. Sie wollen wissen, wie sich eine einmalige Einzahlung von Jahr zu Jahr bei einem gleich bleibenden Zinssatz entwickelt.
Die freundliche Sachbearbeiterin gibt in ihren Computer zwei Zahlen ein und sofort entsteht eine grafische Übersicht.

	A	B	C
1	Startkapital		2.000,00 €
2	Zinssatz		4%
3			
4		Jahr	Guthaben
5		0	2.000,00 €
6		1	2.080,00 €
7		2	2.163,20 €
8		3	2.249,73 €
9		4	2.339,72 €
10		5	2.433,31 €
11		6	2.530,64 €
12		7	2.631,86 €
13		8	2.737,14 €
14		9	2.846,62 €
15		10	2.960,49 €
16		11	3.078,91 €

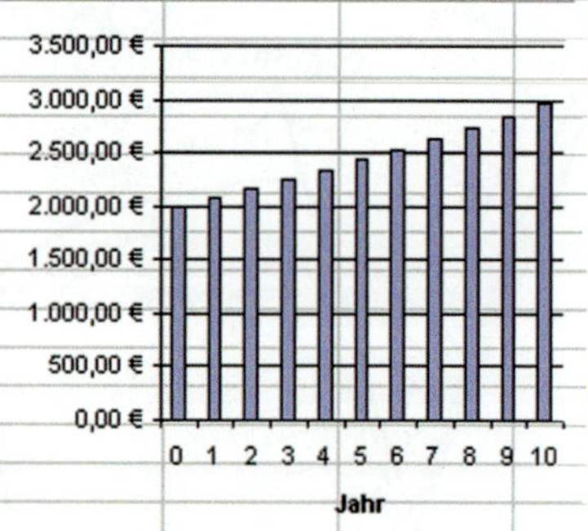

1. a) Welche Zahlen hat die Sachbearbeiterin eingegeben?
b) Welche Laufzeiten können abgelesen werden?

2. Da der Drucker eine Störung hat, sind einige Zeilen unleserlich. Rechne nach!

Kapital im Jahr 0	2 000,00 €	· 1,04
Kapital im Jahr 1	2 080,00 €	
Kapital im Jahr 4	2 339,72 €	
Kapital im Jahr 9	2 846,62 €	
Kapital im Jahr 10	2 960,49 €	

MEMO

Das Endkapital wird in zwei Schritten bestimmt.
Im ersten Schritt berechnest du den Zinsfaktor: 100% + Zinssatz
Beispiel: 100% + 5,6% = 105,6% = 1,056

Im zweiten Schritt multiplizierst du das Startkapital so oft mit dem Zinsfaktor, wie es der Anlagezeitraum in Jahren vorgibt.
Beispiel: $5000\,€ \cdot \underbrace{1{,}07 \cdot 1{,}07 \cdot 1{,}07 \cdot 1{,}07}_{\text{4 Faktoren}}$
$= 5000\,€ \cdot 1{,}07^4$
$\approx 6553{,}98\,€$

Lösungen

1. a) Startkapital: 2000 €, Zinssatz: 4%; b) 1 bis 10 Jahre; **2.** 2163,20 €; 2249,73 €; 2433,31 €; 2530,64 €; 2631,86 €; 2737,14 €

1 Zu ihrer Geburt haben Marens Großeltern 5 000 € zu einem Zinssatz von 4% angelegt.
Zu ihrem 20. Geburtstag soll Maren über das Geld verfügen können.
Verfolge die Entwicklung des Sparkontos und berechne die fehlenden Beträge.

Startkapital: ____________

Zinssatz: ____________

Geburtstag	Guthaben	Zinsen
0	5 000,00 €	200,00 €
1	5 200,00 €	208,00 €
2		216,32 €
3	5 624,32 €	224,97 €
4	5 849,29 €	
5	6 083,26 €	243,33 €
6		
7		
8	6 842,85 €	273,71 €
9	7 116,56 €	284,66 €
10	7 401,22 €	
11		307,89 €
12	8 005,16 €	320,21 €
13		
14	8 658,38 €	346,34 €
15		360,19 €
16	9 364,91 €	374,60 €
17		389,58 €
18	10 129,08 €	
19	10 534,25 €	421,37 €
20	10 955,62 €	

2 Diese Arbeit kann schnell mit Hilfe einer Tabellenkalkulation erledigt werden.
Ergänze die Formeln in den Zellen A7 – C 9.

	A	B	C
1	Startkapital	5000	
2	Zinssatz	0,04	
3			
4	Geburtstag	Guthaben	Zinsen
5	0	=B1	=RUNDEN(B5*B2;2)
6	=A5+1	=B5+C5	=RUNDEN(B6*B2;2)
7			
8			
9			
10			
11			
12			
13			
14			
15			
16			

Lösungen

2. =A6+1; =A7+1; =A8+1; =B6+C6; =B7+C7; =B8+C8; =Runden(B7*B2;2); =Runden(B8*B2;2); =Runden(B9*B2;2)

Übungen

1 Bestimme den jeweiligen Kontostand bei einem Zinssatz von 5%.

	Startkapital	
im 1. Jahr:	a) 2 000 €	b) 7 500 €
im 2. Jahr:		
im 3. Jahr:		
im 4. Jahr:		
im 5. Jahr:		
im 6. Jahr:		
im 7. Jahr:		
im 8. Jahr:		

2

Bestimme den jeweiligen Kontostand:

	Startkapital	
im 1. Jahr:	a) 9 000 €	b) 15 000 €
im 2. Jahr:		
im 3. Jahr:		
im 4. Jahr:		
im 5. Jahr:		
im 6. Jahr:		

3 Berechne das Endkapital mit Hilfe des Zinsfaktors.

	a)	b)	c)
Startkapital	2 500 €	12 000 €	7 000 €
Zinssatz	7%	3,5%	12,7%
Zinsfaktor			
Zeit	3 Jahre	5 Jahre	10 Jahre
Endkapital			
Zinsen			

4 Petras Eltern haben zu ihrer Geburt 1 000 € zu einem gleichbleibenden Zinssatz von 7% angelegt. Die Zinsen kommen jedes Jahr dazu; nichts wird abgehoben. Über welchen Betrag kann Petra zu ihrem 25. Geburtstag verfügen?

5 Auf dem Speicher deiner Großeltern findest du ein Sparbuch mit einem US-Dollar-Guthaben. Die Einzahlung erfolgte im Jahr 1905. Welches Guthaben müsste heute (2001) bei folgenden Zinssätzen erreicht sein? a) 3,5%; b) 4,75%; c) 8,3%

6 Die Bundesrepublik Deutschland gibt im Rahmen ihrer Kreditaufnahme Bundesschatzbriefe aus:

Typ A: Jährliche Auszahlung der Zinsen; Laufzeit: 6 Jahre	1. Jahr: 4,25% 2. Jahr: 4,37% 3. Jahr: 4,49% 4. Jahr: 4,61% 5. Jahr: 4,73% 6. Jahr: 4,84%

Typ B: Auszahlung von Zinsen mit Zinseszinsen bei Rückgabe; Laufzeit: 7 Jahre	1. Jahr: 4,25% 2. Jahr: 4,37% 3. Jahr: 4,50% 4. Jahr: 4,62% 5. Jahr: 4,75% 6. Jahr: 4,87% 7. Jahr: 4,96%

a) Frau Saalfeld hat 15 000 € im Typ B angelegt. Wie viel Zinsen erhält sie bei Ablauf?

b) Herr Müller hat 15 000 € im Typ A angelegt. Wie viel Zinsen erhält er insgesamt?

Lösungen

1. a) 2 100 €, 2 205 €, 2 315,25 €, 2 431,01 €, 2 552,56 €, 2 680,19 €, 2 814,20 €; b) 7 875 €, 8 268,75 €, 8 682,19 €, 9 116,30 €, 9 572,12 €, 10 050,73 €, 10 553,27 €; **2.** a) 9 495 €, 10 064,70 €, 10 769,23 €, 11 630,77 €, 12 619,39 €; b) 15 825 €, 16 774,50 €, 17 948,72 €, 19 384,62 €, 21 032,31 €; **3.** a) 1,07, 3062,61 €, 562,61 €; b) 1,035, 14 252,24 €, 2 252,24 €; c) 1,127; 23 138,61 €; 16 138,61 €; **4.** 5 427,43 €; **5.** a) 27 $, b) 86$, c) 2110 $; **6.** a) 5 573,25 €; b) 4 093,50 €

10 Monatszinsen und Tageszinsen

Jojo hat für sein Taschengeld ein Girokonto. Auf das Guthaben (Kapital) gibt es 2,5% Jahreszinsen, die monatlich hinzugerechnet werden.

1. Beschreibe Kontostand und Zeitraum für Jojos Girokonto.

a) Ein Kontostand von 1 200 € besteht für ____ Tage.

b) ______________________________________ 8 Tage.

c) Der Kontostand von 1 187,55 € besteht für ____Monat(e).

2. Berechne die Zinsen für Jojos Guthaben im September.

	Kapital	Zeitraum	Berechnung der Zinsen	Zinsen
	1 200 €	4 Tage	$1\,200\text{ €} \cdot \frac{2,5}{100} \cdot \frac{4}{360} =$	0,33 €
a)	1 250 €			
b)		8 Tage		0,66 €
c)		September		

MEMO

Wir berechnen die Monatszinsen oder Tageszinsen Z_t, indem wir die Jahreszinsen mit dem Bruchteil t eines Jahres multiplizieren.

$$K \xrightarrow{\cdot p\%} Z \xrightarrow{\cdot t} Z_t$$

Eine Zeitspanne von 40 Tagen bedeutet: $t = \frac{40}{360}$

Eine Zeitspanne von 5 Monaten bedeutet: $t = \frac{5}{12}$

$$\frac{K \cdot p \cdot t}{100} = Z_t$$

Beispiel:
Zinsen für 200 € für 70 Tage bei einem Zinssatz von 3%.

$$200\text{ €} \xrightarrow{\cdot 3\%} 6\text{ €} \xrightarrow{\cdot \frac{70}{360}} 1{,}17\text{ €}$$

Lösungen

1. a) 4, b) 1 185 €, c) 1; **2.** a) 8 Tage, 1,56 €, b) 1 185 €, c) 2,55 €

Übungen

Mareikes Großeltern sparen jeden Monat 75 Euro für ihre Enkelin.
Die Bank zahlt auf das Guthaben 4% Zinsen, die monatlich gutgeschrieben werden.

Monatliche Rate: ______________ Jahreszinssatz: ______________ Monatlicher Zinssatz: ______________

Berechne Kapital und Zinsen für die fehlenden Monate.

Du kannst diese Aufgabe mit Hilfe einer Tabellenkalkulation lösen:

	A	B	C
1	Monatliche Rate	75	
2	Jahreszinssatz	0,04	
3	mtl. Zinssatz	=B2/12	
4			
5	Monat	Guthaben	Zinsen
6	1	=B1	=B6*B3
7	=A6+1	=B6+C6+B1	=B7*B3

Monat	Kapital	Zinsen
1	75 €	0,25 €
2	150,25 €	0,50 €
3	225,75 €	0,75 €
4	301,50 €	1,01 €
5	377,51 €	1,26 €
6	€	€
7	€	€
8	€	€
9	684,07 €	2,28 €
10	761,35 €	2,54 €
11	838,89 €	2,80 €
12	916,68 €	3,06 €
13	€	€
14	€	€
15	€	€
16	1 230,47 €	4,10 €
17	1 309,57 €	4,37 €
18	1 388,94 €	4,63 €
19	€	€
20	€	€
21	1 628,63 €	5,43 €
22	1 709,05 €	5,70 €
23	€	€
24	€	€
25	€	€
26	2 033,46 €	6,78 €
27	2 115,24 €	7,05 €
28	2 197,29 €	7,32 €
29	2 279,61 €	7,60 €
30	2 362,21 €	7,87 €

Monat	Kapital	Zinsen
31	2 445,08 €	8,15 €
32	2 528,24 €	8,43 €
33	€	€
34	€	€
35	€	€
36	€	€
37	2 948,16 €	9,83 €
38	3 032,99 €	10,11 €
39	3 118,10 €	10,39 €
40	3 203,49 €	10,68 €
41	3 289,17 €	10,96 €
42	3 375,14 €	11,25 €
43	€	€
44	€	€
45	€	€
46	3 721,87 €	12,41 €
47	3 809,27 €	12,70 €
48	€	€
49	€	€
50	4 073,24 €	13,58 €
51	4 161,82 €	13,87 €
52	4 250,69 €	14,17 €
53	4 339,86 €	14,47 €
54	€	€
55	€	€
56	4 609,16 €	15,36 €
57	4 699,52 €	15,67 €
58	€	€
59	€	€
60	4 972,42 €	16,57 €

1 Gib den zugehörigen Zeitfaktor als Bruch an, kürze wenn möglich.

a) 17 Tage ______

b) 40 Tage ______

c) 5 Monate ______

d) 9 Monate ______

e) 15.3. – 27.5. ______

f) 7.5. – 3.8. ______

2 Herr Müller zahlt für einen Kredit 18 000 € Zinsen im Jahr. Bestimme die Zinsen für

a) 2 Monate ______

b) $\frac{1}{4}$ Jahr ______

c) 50 Tage ______

d) 156 Tage ______

3 Berechne die Zinsen für 1 500 € bei einem Zinssatz von 3% für

a) 10 Tage ______

b) 4 Monate ______

c) 247 Tage ______

d) 7 Monate ______

4

a) Suche 25 000 Euro für 4 Monate; biete einen Zinssatz von 6%

Welche Kreditkosten entstehen?

b) Zwischenkredit gesucht? Verleihe 40 000 Euro für 84 Tage! Zinssatz $3\frac{3}{4}$%.

Berechne die Kreditzinsen.

c) Verleihe vom 1.3. bis zum 1.7. 15 000 €. Zinssatz 4%

Welcher Betrag wird zurückgezahlt?

5 ***Jetzt kaufen – in 5 Monaten bezahlen***

Der Händler berechnet 7% Zinsen p. a.
Berechne den Kaufpreis, wenn ein Kunde das Angebot annimmt.

	Normaler Preis	Preis in 5 Monaten
a) CD-Player	149 €	______
b) Fernseher	978 €	______
c) Festplatte	156,95 €	______
d) CD ROM	24,49 €	______

6 Martins Girokonto steht mit 4 700 Euro im Minus. Seine Bank berechnet dafür 9,75% Überziehungszinsen. Berechne die Zinsen für

a) 12 Tage, b) 3 Monate, c) $\frac{3}{4}$ Jahr

7

2. Mahnung 07.11.00

Sehr geehrter Herr Müller,
sicher ist Ihnen entgangen, die Rechnung vom 3.10.00 in Höhe von 2 456,78 € zu begleichen.
Wir berechnen Ihnen 12,5% Verzugszinsen, das sind ______ €.

8 Berechne die fehlenden Angaben für Pias Girokonto. Der Zinssatz beträgt 2,5%.

	Abgang/ Zugang	Datum	Tage	Guthaben in Euro
		01.01.99		800,00
ZS	______	01.02.99	______	801,67
ZU	48,33	15.02.99	14	______
ZS	______	01.03.99	16	851,72
ZS	______	01.04.99	______	______
ZU	250,00	21.04.99	______	1 103,49
ZS	______	01.05.99	______	1 105,44
ZS	2,30	01.06.99	______	______
AB	– 147,74	05.06.99	______	______
ZS	______	01.07.99	______	______

Lösungen

1. a) $\frac{17}{360}$, b) $\frac{40}{360} = \frac{1}{9}$, c) $\frac{5}{12}$, d) $\frac{9}{12} = \frac{3}{4}$, e) 72 Tage = $\frac{72}{360} = \frac{9}{45}$, f) 86 Tage = $\frac{86}{360} = \frac{43}{180}$; **2.** a) 3 000 €, b) 4 500 €, c) 2 500 €, d) 7 800 €; **3.** a) 1,25 €, b) 15 €, c) 30,88 €, d) 26,25 €; **4.** a) 500 €, b) 350 €, c) 200 €; **5.** a) 153,35 €, b) 1 006,53 €, c) 161,53 €, d) 25,20 €; **6.** a) 15,28 €, b) 114,26 €, c) 343,69 €; **7.** 29 €; **8.** 30 d; 1,67 €; 850 €; 1,72 €; 30 d; 1,77 €; 853,49 €; 20 d; 10 d; 1,95 €; 30 d; 2,30 €; 1 107,74 €; 4 d; 960 €; 26 d; 2,04 €; 962,04 €

11 Berechnung des Kapitals

Melanie, Sedat und Peter protzen mit ihrem Ersparten. Jeder will mehr haben, aber keiner will den Betrag sagen. Sie einigen sich darauf, Zinsen, Zinssatz und Zeitraum zu verraten.

Melanie Sedat Peter

1. Zum Vergleichen benötigen wir zuerst die Jahreszinsen!

Melanie bekommt pro Jahr $90\text{ €} : \frac{1}{2} = 180\text{ €}$ Zinsen.

a) Sedat bekommt pro Jahr ________________ Zinsen.

b) Peter erhält pro Jahr ________________ Zinsen.

2. Aus Jahreszinsen und Zinssatz kannst du die Höhe des Kapitals berechnen.

Melanie: 180 € : 5% = 3600 €

a) Sedat: __________ = __________

b) Peter: __________ = __________

MEMO

Das Kapital wird in zwei Schritten berechnet:
Erst dividierst du die Monats- oder Tageszinsen durch den Anteil t eines Jahres, um die Jahreszinsen zu erhalten.
Dann teilst du die Jahreszinsen durch den Zinssatz, um das Kapital zu erhalten.

$$K \xleftarrow{\;: p\%\;} Z \xleftarrow{\;: t\;} Z_t$$

Beispiel:

200 € Zinsen für 80 Tage bei einem Zinssatz von 3%

1. Berechnung der Jahreszinsen: $200\text{ €} : \frac{80}{360} = 200\text{ €} \cdot \frac{360}{80} = 900\text{ €}$

2. Berechnung des Kapitals: $900\text{ €} : 3\% = 900\text{ €} : \frac{3}{100} = 30\,000\text{ €}$

Lösungen

1. a) 144 €, b) 168 €; 2. a) 3600 €, b) 5600 €

Ordne Jahreszinsen und Kapital zu. Kontrolliere mit dem entstehenden Lösungssatz!

Kapital	Zinssatz	Jahreszinsen	Zeitraum	Zinsen
1. ______	3,0%	2. ______	5 Monate	400 €
3. ______	7,0%	4. ______	$\frac{1}{3}$ Jahr	7 000 €
5. ______	4,5%	6. ______	7 Monate	210 000 €
7. ______	5,0%	8. ______	200 Tage	15 000 €
9. ______	6,0%	10. ______	11 Monate	44 000 €
11. ______	3,0%	12. ______	75 Tage	720 €
13. ______	4,5%	14. ______	$\frac{1}{2}$ Jahr	30 000 €
15. ______	2,4%	16. ______	280 Tage	7 000 €
17. ______	4,0%	18. ______	$\frac{3}{4}$ Jahr	600 €
19. ______	12,0%	20. ______	317 Tage	63 400 €
21. ______	5,0%	22. ______	$\frac{1}{4}$ Jahr	195,4 €
23. ______	2,0%	24. ______	4 Monate	30 000 €

G 781,60	E 800,00	A 960,00	A 3 456,00	E 9 000,00
N 1 5632,00	L 20 000,00	E 21 000,00	S 27 000,00	B 32 000,00
A 48 000,00	N 60 000,00	E 72 000,00	D 90 000,00	K 115 200,00
K 300 000,00	V 375 000,00	U 360 000,00	D 540 000,00	I 600 000,00
P 800 000,00	E 1 333 333,33	L 4 500 000,00	N 8 000 000,00	

		N			
1.	2.		3.	4.	5.

	N	
6.		7.

			R			S	S		
8.	9.	10		11.	12.			13.	14.

		R				H		
15.	16.		17.	18.	19.		20.	21

	E		
22.		23.	24.

Lösungen

Banken und Sparkassen verleihen Geld

Übungen

1 Schreibe als Jahresanteil:

a) 5 Monate _______ b) 7 Monate _______

c) 50 Tage _______ d) 240 Tage _______

2 Ergänze die Jahreszinsen:

a) 400 € in einem halben Jahr, das sind _________ in einem Jahr.

b) 250 € in zwei Monaten, das sind _________ in einem Jahr.

c) 630 € in 7 Monaten, das sind _________ in einem Jahr.

d) 50 € in 10 Tagen, das sind _________ in einem Jahr.

3 Welches Kapital bringt bei 4%iger Verzinsung 60 € Zinsen in

a) $\frac{1}{2}$ Jahr? b) $\frac{3}{4}$ Jahr?

c) 10 Monaten? d) 7 Monaten?

4 Die Oma von Johannes überweist ihrem Enkel jeden Monat 40 € als Taschengeld. Sie sagt, das sind die Zinsen von einem Sparvertrag.

5 Welches Kapital bringt bei 5%iger Verzinsung 80 € Zinsen in

a) 20 Tagen? b) 50 Tagen?
c) 300 Tagen? d) 135 Tagen?

6 Die Zinsen eines Festgeldkontos werden vierteljährlich gutgeschrieben.
Frau Mertens erhält viermal 680 € (1 062,50 €) bei einem Zinssatz von 8,5%.
Welcher Betrag ist angelegt?

7 Herr Müller hat sich für fünf Monate Geld bei der Bank geliehen. Bei einem Zinssatz von 12% soll er 930 € Zinsen zahlen.
Wie viel Geld hat er geliehen?

8 Zum Bau eines Hauses muss der Bauherr einen Kredit aufnehmen. Für die anfallenden Zinsen möchte er monatlich nicht mehr als 600 € aufwenden. Welchen Betrag kann er sich leihen bei einem Zinssatz von

a) 7%? b) 8,5%?

9

Hilf den beiden.
Aktuelle Zinssätze liegen zwischen 7,5% und 8,25%.

Lösungen

1. a) $\frac{5}{12}$; b) $\frac{7}{12}$; c) $\frac{50}{360} = \frac{5}{36}$; d) $\frac{240}{360} = \frac{2}{3}$; **2.** a) 800 €; b) 1 500 €; c) 1 080 €; d) 1 800 €; **3.** a) 3 000 €; b) 2 000 €; c) 1 800 €; d) 2 571,43 €; **4.** a) 12 800 € bis 9 600 €; **5.** a) 28 800 €; b) 11 520 €; c) 1 920 €; d) 4 266,67 €; **6.** 32 000 € (50 000 €); **7.** 18 600 €; **8.** a) 102 857,14 €; b) 84 705,88 €; **9.** 800 000 € bis 727 273 €; 640 000 € bis 581 818 €

12 Berechnung des Zinssatzes

Melanie, Sedat und Peter vergleichen ihre Sparkonten. Jeder will den besten Zinssatz haben, aber keiner will ihn sagen. Sie einigen sich darauf, Kapital, Zinszeitraum und Zinsen zu verraten.

Melanie Sedat Peter

1. Zum Vergleichen benötigen wir zuerst die Jahreszinsen!

Melanie bekommt pro Jahr $40\,€ : \frac{5}{12} = 96\,€$ Zinsen.

a) Sedat bekommt pro Jahr ________________ Zinsen.

b) Peter erhält pro Jahr ________________ Zinsen.

2. Aus Jahreszinsen und Kapital kannst du die Höhe des Zinssatzes berechnen.

Melanie: 96 € : 2 400 € = 0,04 = 4%

a) Sedat: ____________ = __________ = __________

b) Peter: ____________ = __________ = __________

MEMO

Der Zinssatz wird in zwei Schritten berechnet:
Erst dividierst du die Monats- oder Tageszinsen durch den Anteil t eines Jahres, um die Jahreszinsen zu erhalten.
Dann teilst du die Jahreszinsen durch das Kapital, um den Zinssatz zu erhalten.

$$K \xrightarrow{\cdot\, p\%} Z \xleftarrow{:\, t} Z_t$$

$$p\% = \frac{Z}{K}$$

Beispiel:
200 € Zinsen für 80 Tage bei einem Kapital von 30 000 €

1. Berechnung der Jahreszinsen: $200\,€ : \frac{80}{360} = 200\,€ \cdot \frac{360}{80} = 900\,€$
2. Berechnung des Zinssatzes: 900 € : 30 000 € = 0,03 = 3%

Lösungen

1. a) 252 €, b) 360 €; **2.** a) 3,5%, b) 2%

Übungen

Welcher Sparbrief hat den besten Zinssatz?

1

Kapital: 20 000 €

Zinsausschüttung: halbjährlich

Zinsen: 500 €

a) Jahreszins: ______________

b) Zinssatz: ______________

2

Kapital: 12 000 €

Zinsausschüttung: monatlich

Zinsen: 90 €

a) Jahreszins: ______________

b) Zinssatz: ______________

3

Kapital: 6 500 €

Zinsausschüttung: pro viertel Jahr

Zinsen: 78 €

a) Jahreszins: ______________

b) Zinssatz: ______________

4

Kapital: 4 416 €

Zinsausschüttung: alle vier Monate

Zinsen: 55,20 €

a) Jahreszins: ______________

b) Zinssatz: ______________

5

Kapital: 1 875 €

Zinsausschüttung: pro drittel Jahr

Zinsen: 12,50 €

a) Jahreszins: ______________

b) Zinssatz: ______________

6

Kapital: 25 200 €

Zinsausschüttung: alle 200 Tage

Zinsen: 700 €

a) Jahreszins: ______________

b) Zinssatz: ______________

Lösungen

1. a) 1 000 €, b) 5%; **2.** a) 1 080 €, b) 9%; **3.** a) 312 €, b) 4,8%; **4.** a) 165,60 €, b) 3,75%; **5.** a) 37,50 €, b) 2%; **6.** a) 1 260 €, b) 5%

1 Berechne den Zinssatz für ein Kapital von 10 000 €.

	p%	Z	t	Zt
a)			$\frac{1}{2}$ Jahr	80 €
b)			$\frac{3}{4}$ Jahr	300 €
c)			4 Monate	200 €
d)			7 Monate	210 €
e)			20 Tage	15 €
f)			80 Tage	150 €

2 Frau Peterson hat ein Sparguthaben von 15 000 €. Sie erhält halbjährlich 300 € (250 €) Zinsen. Zu welchem Zinssatz ist das Geld angelegt?

3 Marcel bekommt alle drei Monate 25 € Zinsen ausgezahlt. Welcher Zinssatz gilt bei einem Kapital von 2 000 € (1 700 €)?

4 Von Wucher spricht man in der Regel, wenn der jährliche Zinssatz höher als 30% liegt. Bei welchen Angeboten darf von Wucher gesprochen werden?
Ein Geldverleiher verlangt für 100 €
a) monatlich 1 € Zinsen,
b) täglich 10 ct Zinsen,
c) vierteljährlich 7 € Zinsen.

5 Familie Müller hat eine neue Couch für das Wohnzimmer gekauft.

Der Preis, 1 700 €, war am 15. September 2000 fällig. Da Frau Müller den Zahlungstermin vergessen hat, kommt am 30. November eine Mahnung über 1 730 €. Wie viel Prozent Verzugszinsen wurden berechnet?

6 Zu welchem Zinssatz wird das Geld verzinst?

a) Suche für ein halbes Jahr 12 000 €. Zahle 12 900 € zurück.

b) Suche 7 000 €. Zahle nach 9 Monaten 7 300 € zurück.

c) *Dringend!* 20 000 € für 100 Tage gesucht. Zahle 250 € Zinsen.

d) Verleihe 5 000 € vom 1.4. bis zum 1.9. Möchte 5 100 € zurück.

7 Am 17.04. hat Sarah 400 € auf ihrem Girokonto.

Welchen Zinssatz hat sie benutzt?

8 Maik denkt an die Erhöhung seines Taschengeldes durch Zinseinkünfte. Er denkt, monatlich 5 Euro zusätzlich, das wäre nicht verkehrt.
Zu welchem Zinssatz müsste er sein Erspartes, das sind 2 000 €, anlegen, um dies zu erreichen?

9 Mareike hat 3 745 € gespart. Sie wünscht sich monatlich 12 € Zinsen. Zu welchem Zinssatz müsste sie das Geld anlegen?

Lösungen

1. a) 160 €, 1,6%; b) 400 €, 4%; c) 600 €, 6%; d) 360 €, 3,6%; e) 270 €, 2,7%; f) 675 €, 6,75%; **2.** 4% (3,33%); **3.** 5% (5,88%); **4.** a) 12%, b) 36% (Wucher), c) 28%; **5.** 75 Tage: 8,47%; **6.** a) 15%, b) 5,71%, c) 4,5%, d) 4,8%; **7.** 158 Tage: 11,39%; **8.** 3%; **9.** 3,85%

13 Berechnung von Zeitfaktor und Zeitspanne

Melanie, Sedat und Peter erhalten regelmäßig Zinsgutschriften. Sie verraten aber nicht, wie lang der Zeitraum ist.

Melanie Sedat Peter

1. Zum Vergleichen benötigen wir zuerst die Jahreszinsen!

Sedat bekommt pro Jahr 4 500 € · 4% = 180 € Zinsen.

a) Melanie bekommt pro Jahr ________________ Zinsen.

b) Peter erhält pro Jahr ________________ Zinsen.

2. Aus Jahreszinsen und Tages- bzw. Monatszinsen kannst du Zeitfaktor und Zeitspanne berechnen.

Sedat: 70 € : 180 € = $\frac{7}{18}$ $\frac{7}{18}$ · 360 Tage = 140 Tage

a) Melanie: ____________ = ____________ = ____________

b) Peter: ____________ = ____________ = ____________

MEMO

Der Zeitfaktor wird in zwei Schritten berechnet:
Erst multiplizierst du das Kapital mit dem Zinssatz, um die Jahreszinsen zu erhalten.
Dann teilst du die Monats- oder Tageszinseszinsen durch die Jahreszinsen, um den Zeitfaktor zu erhalten.

$$K \xrightarrow{\cdot p\%} Z \xrightarrow{\cdot t} Z_t$$

$$t = \frac{Z_t}{Z}$$

Beispiel:
Wie lange muss ein Kapital von 4 000 € bei einem Zinssatz von 5% angelegt werden, um 80 € Zinsen zu erhalten?

1. Berechnung der Jahreszinsen: 4 000 € · 5% = 4 000 € · $\frac{5}{1000}$ = 200 €
2. Berechnung des Zeitfaktors: 80 € : 200 € = $\frac{2}{5}$
   Berechnung der Zeitspanne in Monaten: $\frac{2}{5}$ · 12 Monate = 4,8 Monate
   Berechnung der Zeitspanne in Tagen: $\frac{2}{5}$ · 360 Tage = 144 Tage

Lösungen

1. a) 150 €, b) 360 €; **2.** a) $\frac{1}{3}$ Jahr, b) 5 Monate

		Schreibe:
1.	4 Monate	in Tagen
2.	0,1	in Tagen
3.	6 Monate	als Zeitfaktor
4.	15 Monate	als Zeitfaktor
5.	6 Monate	als Zeitfaktor
6.	0,3	in Tagen
7.	15 Monate	als Zeitfaktor
8.	ein Sechstel	in Tagen
9.	144 Tage	als Zeitfaktor
10.	fünf Sechstel	in Monaten
11.	3 Monate	in Tagen
12.	sechs Achtel	in Monaten
13.	8 Monate	als Zeitfaktor
14.	0,9	in Tagen
15.	3 Halbe	in Monaten
16.	6 Monate	als Zeitfaktor
17.	ein Zwanzigstel	in Tagen
18.	4 Monate	als Zeitfaktor
19.	drei Sechstel	in Monaten
20.	270 Tage	als Zeitfaktor
21.	180 Tage	als Zeitfaktor
22.	16 Monate	als Zeitfaktor
23.	30 Tage	in Monaten
24.	252 Tage	als Zeitfaktor
25.	450 Tage	in Monaten
26.	14 Monate	als Zeitfaktor
27.	288 Tage	als Zeitfaktor
28.	17 Monate	in Tagen
29.	zwei Drittel	in Monaten
30.	ein Sechstel	in Monaten
31.	0,6	in Tagen
32.	zwei Achtel	in Monaten
33.	4 Monate	als Zeitfaktor

Beachte: Der Zeitfaktor bezieht sich auf ein Jahr, er wird als Bruch oder Dezimalbruch verlangt.

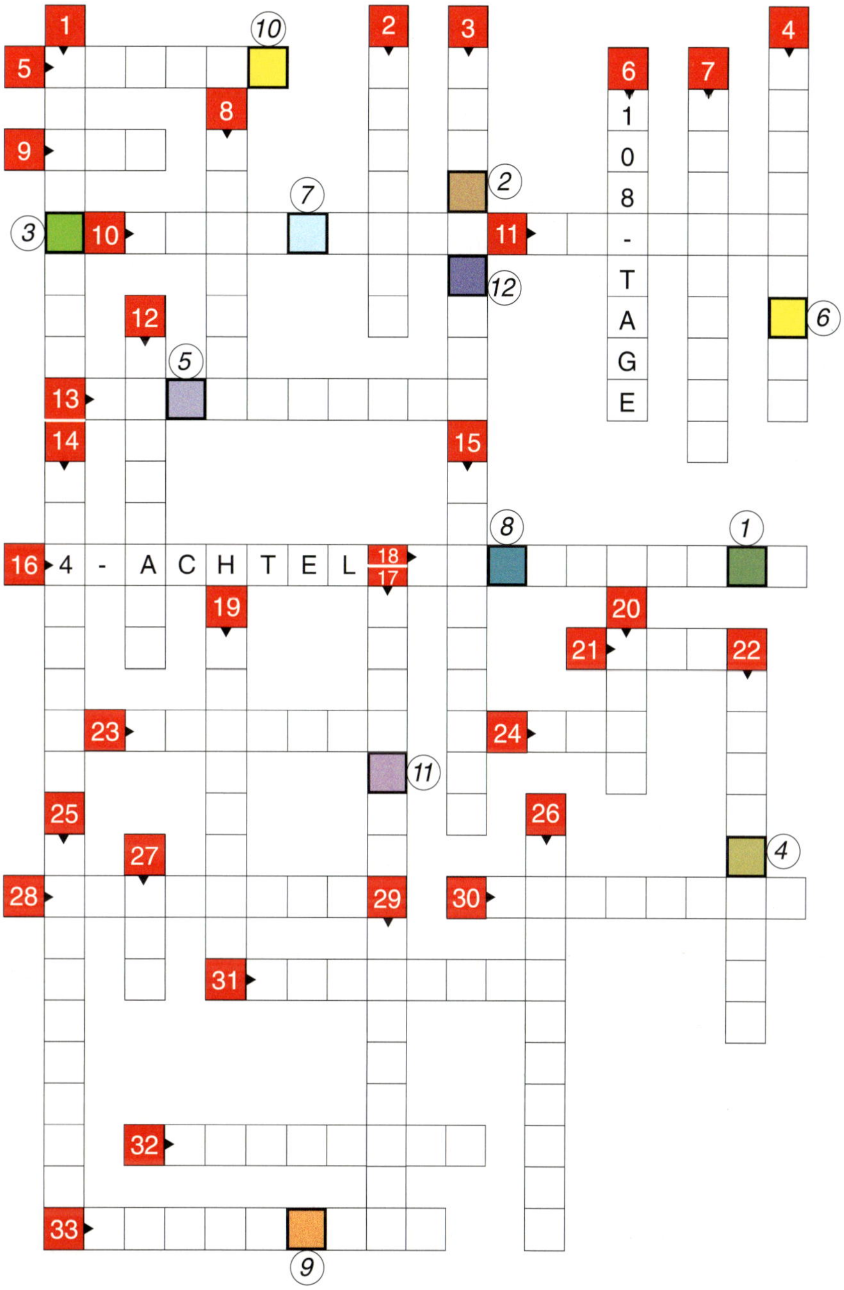

Z			
	1.	2.	3.

4.	5.	6.

K						
	7.	8.	9.	10.	11.	12.

Lösung

Zeit ist kostbar.

1 Zu jedem Zeitfaktor gehört eine bestimmte Zeitspanne.

> **Beispiel 1:**
> Zeitfaktor: $\frac{5}{6}$
> Zeitspanne: $\frac{5}{6} \cdot 12$ Monate = 10 Monate
>
> **Beispiel 2:**
> Zeitfaktor: 0,6
> Zeitspanne: $0{,}6 \cdot 360$ Tage = 216 Tage

Rechne wie im Beispiel.
Runde auf ganze Tage bzw. Monate.

	Zeitfaktor	Zeitspanne	
a)	0,4	______	Tage
b)	$\frac{18}{24}$	______	Monate
c)	0,7	______	Tage
d)	0,265	______	Tage
e)	$\frac{5}{8}$	______	Monate

2 In welcher Zeit bringen

a) 6 000 € zu 5% 50 € Zinsen,
b) 5 600 € zu 3% 84 € Zinsen,
c) 4 500 € zu 4% 70 € Zinsen,
d) 1 250 € zu 3,5% 35 € Zinsen,
e) 1 200 € zu 2% 20 € Zinsen,
f) 4 200 € zu 7% 36,75 € Zinsen?

3

	Schuldsumme	Zinssatz	Darlehen + Zinsen
a)	1 240 €	6%	1 289,60 €
b)	8 100 €	8%	8 424,00 €
c)	5 400 €	9%	5 845,50 €
d)	7 650 €	4,75%	7 927,58 €

Berechne die Laufzeit.

4 Eine Firma legte eine Vorauszahlung eines Kunden von 4,7 Mio. Euro zu 6,5% an. Nach wie vielen Tagen ist der Betrag auf 4,8 Mio. Euro angewachsen?

5 Frau Meier hat 12 000 € geerbt. Sie beschließt das Geld solange anzulegen, bis sie über 14 000 € verfügen kann.
Wie lange wird dies dauern bei einem Zinssatz von
a) 4%? b) 9,5%?

6 Firma Neumann leiht sich am 24.05.2000 Geld für die Anschaffung eines Computers.
Er soll 1 400 € kosten. Der Zinssatz beträgt 4,8%, die Höhe der Rückzahlung von Darlehen und Zinsen beträgt 1 444,80 €.
Bestimme

a) die Laufzeit des Kredits,
b) den Fälligkeitstermin.

7

Lösungen

1. a) 144, b) 9, c) 252 Tage, d) 95 Tage, e) 8 Monate; **2.** a) 2 Monate, b) $\frac{1}{2}$ Jahr, c) 140 Tage, d) 288 Tage, e) 10 Monate, f) $1\frac{1}{2}$ Monate; **3.** a) 8 Monate, b) $\frac{1}{2}$ Jahr, c) 11 Monate, d) 275 Tage; **4.** 118 Tage; **5.** a) 1 500 Tage, b) 632 Tage; **6.** a) 240 Tage, b) 24.01.2001; **7.** 198 Tage; 23. September